本书获2016年贵州省出版传媒事业发展专项资金资助

大数据
干部读本

中国大数据产业观察　编著

贵州出版集团
贵州人民出版社

图书在版编目（CIP）数据

大数据干部读本 / 中国大数据产业观察编著. -- 贵
阳 : 贵州人民出版社, 2018.3
　　ISBN 978-7-221-09859-7

　　Ⅰ.①大… Ⅱ.①中… Ⅲ.①数据处理—干部教育—
自学参考资料 Ⅳ.①TP274

　　中国版本图书馆CIP数据核字(2018)第044456号

大数据干部读本
DA SHU JU GAN BU DU BEN

中国大数据产业观察 / 编著

责任编辑	周湖越　杨抒婕
装帧设计	唐锡璋
出版发行	贵州出版集团　贵州人民出版社
地　　址	贵阳市观山湖区会展东路SOHO办公区A座
印　　刷	深圳市泰和精品印刷有限公司
版　　次	2018年3月第1版
印　　次	2018年3月第1次
印　　张	13.75
字　　数	110千字
开　　本	787mm×1092mm　　1/16
书　　号	ISBN 978-7-221-09859-7
定　　价	38.00元

编委会

序

加快建设自主数字生态

文／赵国栋　中关村大数据产业联盟秘书长

王　露　中国行政体制改革研究会副秘书长

党的十九大报告指出，中国特色社会主义进入新时代，要建设网络强国、数字中国、智慧社会，发展数字经济、共享经济，培育新增长点、形成新动能。习近平总书记在2017年12月8日主持中共中央政治局第二次就实施国家大数据战略的集体学习活动上提出：要推动实施国家大数据战略，加快建设数字中国，更好服务于我国经济社会发展和人民生活改善。在国家战略的推动下，一个全新的数字中国将不断创造新的可能，一个全新的、充满活力的数字中国将呈现在世界面前。

一、溯本求源，认识什么是大数据

对概念的认知直接决定了我们在何种程度上应用大

数据。麦肯锡认为，大数据是当前的技术所处理不了的一些规模庞大的数据集，重点是"大"，并且"处理不了"。言外之意，是需要升级相关的处理技术和设备。IDC（Internet Data Center，互联网数据中心）进一步拓展了麦肯锡的定义，认为大数据的特征包括体量大、价值多样、速度快、类型多。然而现在我们再回顾这些概念，却发现都不能够很好地阐述大数据的本质。

要理解这个问题，可能需要我们追问世界的本质是什么。这是针对哲学意义方面的一个探讨。比如我们经常讲，世界是一个统一的整体，这句话在大数据里边是怎么得到体现的呢？大数据体现了哲学认知吗？如果是，我们怎么从这个角度上来认识大数据呢？世界是统一的不可分割的整体，万物是普遍联系的，大数据是它们在数字空间中的数字映像，与它们相生相伴、相互影响、密不可分。

首先，物理世界中的物体在数字空间中都有对应的记录。这是最原始的数据记录。然后，大数据记下了万物的普遍联系，物体跟物体之间的联系也被大数据记了下来。这是"大数据"之所以是"大"数据的根本原因。物理世界里的联系有时候很难被记下来，比如说脚印，我们从A地到B地，可能只能记录A地、B地，但是中间的过程往往被省略，或者也没办法记录，也许警察会有一些特别的技术手段能提取这段过程的脚印。但是在网络空间里就不同，不管你访问什么网站，用什么APP，买什么商品，一切都会被忠实地记录下来。你在数字空间中的脚印，被大数据记录下来，而这个脚印可能是某个人跟某个物体间的联系，也可能是某个人跟某个人的联系。

所以从这个意义上来讲，大数据记录了万物的普遍联系。也从这个意义上讲，大数据可以更简洁地被定义为：大数据是万物和万物普遍联系的数字化记录。[1]

这个概念是从哲学角度来认知大数据的。从这个角度出发，我们也许能够理解，大数据作为国家战略具有很深远的社会意义。

二、引申抽象，理解数字生态[2]

当我们从万物普遍联系的哲学高度来研究和认识大数据时，就会发现，总有一些对象，他们之间联系的强度、密度远远超过和其他对象。这些紧密联系的对象不断地分化、聚合形成新的形态，这就是数字生态。只有界定出数字生态的定义，我们才能进一步深入地研究这个日益

---

[1] 关于大数据的定义，参见拙著《数字生态论》，浙江人民出版社2018年版。

[2] 关于数字生态的全面阐述，参见参见拙著《数字生态论》，浙江人民出版社2018年版。

数字化的世界。我们首先看数字经济领域的变化。在数字经济中，有一个典型的现象：大量的异质性的企业，借助大数据、互联网，紧密地融合在一起，形成共生、互生乃至再生的价值循环体系。不同的行业，业务交叉，数据通联，运营协同，形成新的产业融合机制。由此产生的"经济体"，往往跨越地域、行业、系统、组织、层级形成广泛合作的社会协同平台。具备价值循环体系、产业融合机制、社会协同平台这三大特征的新型经济单元，被称为"数字生态"。数字生态，就是数字经济的基本单元。

正确界定最小的、基础性数字经济单元，是洞悉数字经济本质的核心要义，是实施有效治理的关键，是制定政策和决策依据的基础。正如我们认为家庭是社会的细胞，所有的社会治理、社会理论都以此为出发点，从家庭延伸出家族、宗族、社区、乡村等诸多概念，成为社会治理的基本结构。

在农业经济时代，经济的最小单元是一块一块的农田，农夫们日出而作、日落而息。农田的权属、流转、兼并、分配始终是农业时代的核心问题，社会的乱治、朝代的兴亡，莫不与之有关。商鞅废井田、开阡陌，王安石推行青苗法[1]，都是立足农田，衍生出一系列的法律规章。几千年的农业文明，使得我国形成了稳定的社会伦理、社会治理体系。

在工业经济时代，一个一个的工厂，可以看成工业生产的最小单元，在工厂中，工人们按照一道道工序被组织起来，完成一件件工业产品。工厂实际的组织、管理孕育出了科学管理的组织理论[2]。以工厂为最小单位，合纵连贯，增加附属机构，继而形成大型的托拉斯[3]企业，在不断的博弈中，与之相应的完整的工业时代的社会制度、上层建筑、伦理文化应蕴而生。

到了数字经济时代，我们同样需要界定数字经济的

[1]　青苗法是王安石一系列变法之中非常重要的一个措施。其核心是在青黄不接的时候，官府给农民贷款、贷粮，等到夏秋两个收获季随税归还。青苗法试图用金融手段调节农业生产，同时抑制民间盛行的高利贷。然而，青苗法毫无疑问地失败了。宋代信息手段极度匮乏，难以监督执行，在实践中各地千差万别，最终青苗法反而沦为豪绅强取豪夺的手段，进一步加剧了农民的负担。但是，青苗法中蕴含的"金融思想"非常领先和超前，而且和刚刚召开的第五次全国金融工作会议的精神一脉相承，即强调金融服务实业，普惠大众。

[2]　弗雷德里克·温斯洛·泰勒（F. W. Taylor）在他的著作《科学管理原理》（*The Principles of Scientific Management*，HARPER & BROTHERS PUBLISHERS，1911。中文版由机械工业出版社2007年出版）中提出的科学管理理论，是现代管理学的基础。

[3]　托拉斯，英文trust的音译。垄断组织的高级形式之一。由许多生产同类商品或产品有密切关系的企业合并组成。旨在垄断销售市场、争夺原料产地和投资范围，加强竞争力量，以获取高额垄断利润。

"农田""工厂"是什么？只有找到这个基本单元，才能以此为原点，发展出一套与之相应的经济制度、法律规范，营造出与之相适应的"大环境"，进而迈入新的数字文明时代。

就如同"农田"和"工厂"之于农业与工业，数字经济的基本单元，也应符合类似的特征。

第一，它应该包括基本的生产经营单位。生产实践是人类的基本活动。因而数字经济不能脱离基本的生产经营单位。

第二，应该集合了满足生产的诸多要素，并且是自洽的。如果是数字农业，应该包括农田；如果是数字工业，应该包括工厂。但这些肯定远远不够。判断某个基本单元是否是数字经济基本单元的一个根本标准应该包含：数据是否融合自洽？

第三，最小单元应该是紧密融合的一个整体，不可分割。这里的不可分割，是强调分割后，效率会下降，成本会上升。从这个意义上来讲，提高效率，降低成本，是判断数字经济基本单元是否成立的先决条件，也是发展经济的根本要旨。

第四，它应当是一个"经济体"，既开放，又"封闭"。开放是指其可以不断地吸纳其他相关产业加入其中，封闭是指其内部可以形成生产循环、流通循环，甚至货币的循环。

"公司"不能被视为数字经济的基本单元。公司在本质上是一组在法律意义上存在的经营实体。公司可以做任何法律允许的盈利性的事情。公司的规模可大可小，小到一个人可以算作一个公司，大到几十万人算作一个公司。更有所谓的集团公司，横跨毫无关联的多个行业。因此，在讨论数字经济基本单元这个根本性的命题时，公司这个概念是没有意义的。"平台"是另外一个流行的概念，指进行某项工作所需要环境和条件，或者是舒展人们才能的舞台。其内涵过于宽泛，在此不多作阐述。

数字生态是数字经济的基本单元。这个论断，决定了我们如何认知未来的产业结构，如何判断未来产业发展的趋势，如何认知数字经济，以及如何发展数字经济。生产资料要根据数字生态的需要来分配，政策的落地和实施要以数字生态为基础。

公司发展和壮大都是基于特定的数字生态，公司要么建立一个新的数字生态，要么加入一个数字生态。游离于数字生态之外的公司，是难以生存的。

数字经济，是由大大小小、层层叠叠、相互勾连的数字生态组成的。金融就像血液一样流淌在数字生态中，金融业务和生态中的主要业务浑然一体，不分彼此，是为"生态金融"。在数字生态中，没有金融空转，没有影子银行[1]，每一笔资金都和具体一个业务关联。数字生态成为金融的躯干，金融就是数字生态的血液。通信如同神经系统，深入数字生态的每一个组织、每一个单体，围绕业务运作。在生态中有共同需求的人们，借助唾手可得的通信功能，组成一个个社群，或互帮互助，或同学同乐，是为"生态通信"。整个生态就是大型的交易市场，不同的交易此起彼伏，成为生态中最核心的要素。在此种生态中，主业产品的交易是主旋律，伴奏则是相关生产资料的交易和流通。

数字生态的边界是由交易市场的边界决定的。数字生态是由高效运转的各类交易市场直接驱动的。为了追求更高的交易效率、更低的交易成本，在数字生态中，各类生产单元、各类流通单元、各类金融单元及各类消费单元，都需要运行在统一的信息系统之中。这个统一的信息系统，面向整个数字生态，服务于数字生态中各个单元的管理和交易。管理服务于交易，交易反馈于管理——这是数字经济基础设施的一部分，名之曰"生态运营平台"（Ecosystem Operation Platform），简称EOP。

---

[1]　影子银行：按照金融稳定理事会的定义，影子银行是指游离于银行监管体系之外、可能引发系统性风险和监管套利等问题的信用中介体系（包括各类相关机构和业务活动）。影子银行可能引发系统性风险的因素主要包括四个方面：期限错配、流动性转换、信用转换和高杠杆。不少专家认为影子银行潜藏着"灰犀牛"风险隐患。

　　数字生态是数字经济的最小单元，是强调其作为一个"系统"具备不可分割的特征。数字生态是由不同产业大大小小的公司构成的，为什么不可以进一步被分割成多个公司呢？这个问题涉及我们对于数字经济的基本认知。

　　首先，如果把数字生态分割成不同的公司，我们将失去对于数字经济整体性、系统性、全面性的把握。我们当然可以把一个个工厂再细分为一个个车间。但是车间只能生产"零件"，无法完成一个可供交易的"产品"。把工厂进一步细分，就失去了宏观上研究工业经济的意义，而进入了管理组织学的领域。同样的，如果数字生态再进一步细分成一个个公司，那我们只能看到大量"产品"从无到有产生，但是无法看到不同公司的"产品"流通、组合、应用、消费的全过程。借助不同的"交易"，实现各类"产品"（包括实物产品和服务产品）从无到有、从此地到彼地、从生产到消费全部"生命周期"的跟踪与管理，是数字经济研究对象的要求。

　　其次，把数字生态分割成更小的单元，会降低整体效率，并增加运营成本。数字生态的拓展自有其逻辑，其根本逻辑，在于大规模的交易市场促使价格公开透明。把"市场这只看不见的手"数据化、可视化、指数化，为整个市场提供统一的、清晰的、一致的价格信号。交易市场覆盖的所有生产单元、流通单元，根据这些价格信号、交易数据，自动调节生产过程、流通过程。事物总是沿着阻力最小的方向前进，经济世界总是寻求最高效率和最低成本的平衡。数字生态是迄今为止成本最低的组织方式，同时实现了更高效率的生产和生产服务。

最后，产业自身具备不可分割性。如果把数字生态分割成更小的单元，会人为地打破事物间的普遍联系，打断价值循环体系，当价值循环无法完成时，势必寻求增加新的"价值"供给方，从而完成闭环。从这个意义来讲，数字生态天然是追求自洽循环的，天然具备完整性的倾向，难以分割，无法分割。

研究数字经济，必须完整、系统、全面地认知数字生态。把握数字生态是构成数字经济基本单元这一根本的特征，需要在理论、政策、金融、资本市场等诸多方面，采取切实可行的措施，促使数字生态形成、发展和繁荣。如此往复循环，才能促成生生不息的数字经济。

三、充分认识"数字生态"的基础性地位

建设数字中国，必须充分认识到，数字生态是数字中国的基本组织形式。

所谓数字生态，是指不同企业、不同行业借助数据纽带，以交易为主要联系，跨地区、跨组织、跨部门、跨系

统、跨层级形成的统一新型经济主体。在数字生态中，尽管生态成员互不隶属，但是能借助数据流、资金流、物流等多种形式紧密地联系在一起。目前，数字生态组织的研究还是一片空白。数字生态的治理更是亟待解决的课题。数字生态事实上就是数字经济、数字安全、数字治理的基本单元。换句话说，就是数字中国的基本单元。建设数字中国，中观层面要落实到一个个的数字生态建设，微观层面要带动每个独立经营主体的成长。

数字生态，体现了市场配置有效率、微观主体有活力、宏观调控有度的新型经济体制。

数字生态是建立在统一的数字化平台之上的，因而极大地消除了信息不对称的现象。每个生产主体、每个经营主体的产量、经营活动，都被忠实、详尽地记录下来。这些来源丰富的数据，叠加大数据、人工智能等处理能力，事实上形成了生态内部的调控机制。而生态内部生产要素的流动，则是完全化的市场机制——优胜劣汰。在这个新的经济体中，交易成本大幅度降低，运营效率得到极大提高。从这个意义上来讲，数字生态就是新型经济体制的代表。

数字生态，还是从整体上落实好安全、发展和治理的关系的基本单元。微观上，各类记录个人、法人等主体的生活、生产活动数据，一旦大规模地汇集起来，就能反映某种宏观上的发展态势，从而具有整体性、全局性的影响力。之所以把数字生态称为基本单元，主要原因是其不可分割，必须从整体上来把握。因为割裂的生态必然造成交易成本增加，运行效率降低。因而数字生态中必然蕴含着国家重大的经济利益、安全利益。数字生态是大数据在发展的一定阶段中，于中观层面必然形成的新型组织。微观上表现为大量的经营主体，宏观上呈现出整体性。

因此，使安全、发展、治理三大宏观命题的把握和处理落到实处的关键环节，就是融合了经济利益、安全利益的数字生态。具体有两点要求：一是必须维护数字主权，保障网络安全；二是必须实现对数据的有效治理，服务、促进社会经济发展。

四、必须加紧建设自主数字生态

建立自主数字生态有两方面的重大意义。一方面，只有建立自主数字生态，才能有效维护国家主权，确保国家政治和战略安全。当前，国家竞争战略正逐渐从对资本、土地、人口、资源等的争夺转向对大数据的争夺，世界各国纷纷利用大数据提升自身的战略能力和国家治理能力。长期以来，国外一些政府利用技术的"单边垄断"和"独霸"优势，大规模收集敏感数据，不但严重损害了广大网民的利益，而且也对其他国家的政治安全和战略安全构成了巨大威胁。只有建立了自主数字生态，国家才能对外保持主权，不受外部力量的影响和控制。另一方面，只有建立自主数字生态，国家才能有效维护网络安全和发展，确保国家经济和产业安全。随着网络的日益生活化，加上我国正在大力推进"互联网+"战略，数据安全影响到社会生活的方方面面。建立自主数字生态，才能确保数据和网络安全，才能有效维护安全和发展，才能实现对数据的有效治理，充分发挥数字在推动经济社会发展中的重要作用。

我们更要认识到，当前我国自主数字生态建设形势严峻，挑战巨大。从主权角度来说，我国网络基础资源受制于人。被我们称为"互联网"的网络，实际上是接入网——美国的因特网。我国当前使用的网络，完全是美国网络的延伸，类似于"主从"关系。"主从"双方在网络控制、网络安全、网络数据共享等方面完全不对等。此外，我国芯片、操作系统、数据库以及通用协议和标准等大部分都依赖进口，关键信息基础设施大部分是国外品牌；金融、电信、能源等核心行业的信息系统被国外垄断。美国公司是云计算的领导者，导致越来越多网络数据被托管在美国的服务器上，使我们的数据安全受到直接威胁。

从治理角度来说，国家至少需要在社会治理和数字治理两个层面上，建立起与数字生态发展相适应的治理机制。在社会治理层面，需要发展出有针对性的社会组织，协同政府及生态核心企业一道，担负起行业自律、生态秩序的基本职能与创造机制，形成核心企业谋发展、社会组织管自律、政府机构兜底线的社会治理机制。在数字治理方面，需要针对形形色色的数字生态，出台顶层的数字治理框架。首先要把分散在各个生态中的重要数据互联互通，避免出现"数据割据"现象。只有把这些分散的数据连接起来，才能真正体现国家的数字主权。在这个意义上，国家数字主权和数字治理机制是统一的。

对于上述问题，需要充分、完整的认知，需要全面深刻理解国家大数据战略，也需要全面深刻理解数字安全、数字治理、数字经济之间辩证统一的关系。把数字生态放到落实数字中国的基础性位置上，如此我们才能真正推动社会的发展，从数字大国走向数字强国。

目 录

第一章

大数据时代：不可逆转的大趋势

概念

在维克托·迈尔-舍恩伯格及肯尼思·库克耶编写的《大数据时代》中，大数据（big data）是指不用随机分析法（抽样调查）这样的捷径，而采用所有数据进行分析处理的方法。IBM（国际商业机器公司）提出的大数据的5V特点为：Volume（大量）、Velocity（高速）、Variety（多样）、Value（价值密度低）、Veracity（真实性）。

目前，大数据已经在金融、交通、IT（互联网技术）、教育、工业、政务等多个领域开展应用，为大众提供更为便捷的服务。

大数据作为战略资源

信息技术与经济社会的交汇融合引发了数据的迅猛

增长，数据已成为国家基础性战略资源。坚持创新驱动发展、加快大数据部署、深化大数据应用，已成为稳增长、促改革、调结构、惠民生和推动政府治理能力现代化的内在需要和必然选择。

大数据这一概念，极具颠覆性、渗透性，传染性极强，一经提出便席卷全球，迅速地从概念转化为实践，促进各个行业领域进行颠覆式的改造和创新，成为任何人都无法忽视的一股革命性力量。

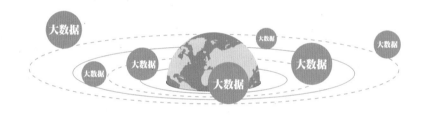

在世界范围内，大数据已经形成一股无法忽视、无法回避的发展力量。我国作为一个"数据大国"，肩负着如何成为一个"数据强国"的历史使命。

近年来，大数据成为关注焦点，各界都认可大数据价值，看好大数据发展。2015年8月31日，国务院印发《促进大数据发展行动纲要》（以下简称《纲要》），系统部署大数据发展工作。《纲要》明确指出，信息技术与经济社会的交汇融合引发了数据迅猛增长，数据已成为国家基础性战略资源。

大数据带来变革

大数据时代下，我们的生产、生活将会产生什么样的变革？它的价值如何体现？

2015贵阳国际大数据产业博览会暨全球大数据时代贵阳峰会上，阿里巴巴集团董事局主席马云在演讲中谈道："从IT（信息技术）到DT（数据技术）的变革，我们认为IT到DT是技术的提升，其实这是两个时代的竞争，这是一个新时代的开始，所以大家一定要高度重视DT时代的思考和思维。IT时代是让自己更加强大，DT时代是让别人更加强大；IT时代是让别人为自己服务，DT是让你去服务别人，让别人更爽，是以竞争对手服务竞争对手。IT时代是通过对昨天信息的分析控制未来，而DT时代是去创造未来；IT时代让20%的企业越做越强大，而80%的企业可能无所适从，而DT时代是让释放80%企业的能力，所以整个世界将会发生翻天覆地的变化；IT时代把人变成了机器，而DT时代把机器变成了智能化的人，所以这正带我们进入一个新型的时代。"

显然，大数据时代会带来头脑风暴的洗礼，它会影响到生产方式、消费模式、用工等经济体系各方面的重新整合和改变。

从2013年我国开始迈步大数据发展至今，全国共有8个省（市、地区）获批建设国家大数据综合试验区，大数据成为"十三五"规划纲要中的国家战略。国家明确把大数据作为基础性战略资源，全面实施促进大数据发展行动，加快推动数据资源共享开放和开发应用，助力产业转型升级和社会治理创新。上海、北京、浙江、贵阳等十余个省市建立了专门的政府数据开放网站，多个省市先后出台了大数据发展的规划方案……大数据发展正以迅猛的姿态影响和改变着我们。

大数据对各行各业的发展将会带来推动性的变革。比如，Duolingo是个拥有千万级用户的免费外语学习软件，用户学习中犯的错误都会被这个APP给记录下来并上传到Duolingo服务器。一次，开发人员通过分析数据做了一些调查，发现以西班牙语为母语的人在使用软件学习时会犯更多错误，于是，他们调整课程，使产品更优秀。这就是通过数据获得了看问题的新角度，而这个新角度更好地帮助做决策〔参见《大数据时代》作者维克托·迈尔-舍恩伯格在2016中国大数据产业峰会暨中国电子商务创新发展峰会（以下简称"2016数博会"）"数据资发发展论坛"发表的演讲《大数据的大价值》〕。

医疗支出一直是美国沉重的负担问题。21世纪初，美国的一些慢性病患病率正在增长，慢性病占美国整个医疗支出的70%—80%，因此，美国通过大数据对广大人群全面、不同类、快速增长的海量数据进行了高速收集、整理、分析，发现健康服务管理和疾病管理的质量产生的成本问题将深刻影响美国未来的发展，应通过增设服务展开的预防和医疗评估做出预防治疗调整。2012年3月，美国奥巴马政府宣布投资2亿美元启动大数据研究和发展计划。根据这个计划，美国希望利用大数据技术在科研教学、环境保护、工程技术、国土安全、生物医药等多个领域实现突破（参见胡本钢在2016数博会上的演讲：《大数据和"互联网+"对中国产业发展的促进作用》）。

除此而外，在金融、教育、旅游、智慧城市等各种涉及民生、政务、商务的领域里，大数据都可找到适用的地方，从特有的角度给人们打开另一扇窗。并且，这些数据根据不同的角度和问题可以重复使用，重新挖掘。

大数据"大咖"谈

在2016数博会上，腾讯公司董事会主席兼首席执行官马化腾认为，腾讯公司在2014至2016年的整个战略变化可描述为：从什么业务都自己做转化为只做最核心的平台和数字内容以及金融的业务。也就是指在大数据及其未来的发展生态方面，腾讯计划做的是几个基础要素：云、移动支付、地理位置信息、安全。而其余的则由合作伙伴完成，构成可以合作和参与的大数据生态朋友圈。

百度公司创始人、董事长兼首席执行官李彦宏则认为，大数据不仅提供了人工智能的计算资源，也降低了计算成本、提升了计算能力，从而促进人工智能发展，这样就可以实现语音的识别、自然语言的理解、图像的识别，甚至推动无人驾驶汽车等人工智能技术进步。

"今天，全球各个市场、各个行业都在共同进行一场由互联网、大数据、云计算、物联网、人工智能等新技术引领的数字化变革。在微软看来，推动这场数字化变革的动力来自于三个紧密关联的技术趋势：第一是云计算，第二是大数据，第三是人工智能。对于一家企业、一个行业、一个地区，乃至于一个国家来讲，数据都是至关重要的宝贵财富。研究显示，如果能够善用数据，全球企业将额外获得1.6万亿美元的数据红利，而中国将占据其中可观的份额。"时任微软全球执行副总裁、应用和服务工程部负责人陆奇在2016数博会上如是说道。

第二章
大数据的理论基础与前沿

大数据是一场数据和思维的革命，它对当前科学界产生了不可估量的影响。大数据的技术作为其发展的基础，为大数据的应用提供支持和参照。

本章主要探讨大数据的学术理论基础与前沿，回顾大数据的发展历史，从大数据概念着手，介绍大数据相关案例与术语，同时对大数据未来发展进行展望。

重要事件

1935—1937年　美国曾经在富兰克林·罗斯福执政时期开展了一项数据收集项目，需要整理美国2600万名员工和300万名雇主的记录。

1943年　二战期间，一家英国工厂为了破译纳粹的密码，开发了能进行大规模数据处理的机器，同时使用了首台可编程的电子计算机进行运算。它能以每秒5000字符的速度读取纸片，大大提高了效率，成功帮助盟军登陆诺曼底。

1997年　美国宇航局两名研究员第一次使用"大数据"这一术语来描述20世纪90年代的挑战：超级计算机生成大量的信息，超出了存储器、磁盘的承载能力。他们将其称为"大数据问题"。

2007—2008年　随着社交网络的迅速发展，技术博客和专业人士为"大数据"概念注入新的生机。一些政府机构和美国的顶级科学家声称，应该深入参与大数据计算的开发和部署工作。

2011年　工业和信息化部发布物联网"十二五"规划，信息处理技术作为四项关键技术创新工程之一被提出来。这里面包括了数据挖掘、海量数据存储、图像视频智能分析，它们都是大数据的重要组成内容。

2012年　美国政府报告要求每个联邦机构都要有一个"大数据"的策略。作为回应，奥巴马政府宣布一项耗资两亿美元的大数据研究与发展项目（参见中国百科网：《大数据的发展历史》）。

2014年　美国白宫发布当年度《全球"大数据"白皮书》，鼓励利用数据推动社会进步。

2015年　国务院印发《促进大数据发展行动纲要》（以下简称《纲要》），加快大数据发展部署。《纲要》指出，要深化大数据应用，要求相关部门共同推动形成公共信息资源共享共用和大数据产业健康发展的良好格局。

2016年　10月8日，国家发展改革委、工业和信息化部、中央网信办发函批复，在京津冀、珠江三角洲、上海、河南、重庆、沈阳、内蒙古7个区域推进国家大数据综合试验区建设，这些地区是继贵州之后第二批获批建设的国家级大数据综合试验区。

2017年　工业和信息化部印发了《大数据产业发展规划（2016—2020年）》，部署"十三五"时期大数据产业发展工作，推进大数据技术产品创新发展。

典型应用案例

谷歌　谷歌会存储与用户相关的信息，比如搜索关键词行为的时间、内容、方式。根据这些数据，谷歌会对广告进行优化，从而将搜索流量转化为盈利。

啤酒与尿布　沃尔玛在对消费者进行购物行为分析时，发现男性在购买婴儿尿布的时候常会顺便买一些啤酒来犒劳自己，便尝试把啤酒和尿布放一起促销，没想到居然把两者的销量都提高了。

工业大数据　工业大数据将是今后工业在市场竞争中的关键。它将通过工业大数据的分析去有效引导制造，满足用户定制化的需求。

银行大数据　银行业逐渐告别高利润、高息差的时代，深度挖掘客户需求将成为一个方向。大数据为银行收集分析用户信息、提升运营效率提供了有力武器。

电力大数据　电力行业可通过大数据分析，对电网进行预测、优化，保障整个电力系统的有效运行，并可节约可菲的经费支出。

教育大数据　老师们可通过各种工具了解学生的具体学习数据，比如错误率最高的是哪道题、同学们答对这道题所花的最大时间及最短时间分别是多少。老师们通过这些数据来了解学生的学习情况，调整教学安排。

服装业大数据　服务行业的品牌企业通过采集和分析终端的用户数据，比如用户对商品颜色、款式、功能的偏好，在合适的地区为顾客推出最符合他们需求的商品。

打车软件大数据　通过利用大数据，打车软件可让车辆能迅速找到用户、获知城市某区域即时打车的数量，让企业、乘客、司机都从中获益，节约时间的同时收获更大的利润。

大数据与AR　增强现实技术（AR）凭借新鲜的交互体验，吸引了技术潮人们的注意。通过与大数据的结合，它可以发挥出更大的本领。想象一下，只要你对着镜子照一照，身上的衣服搭配效果自然就出来了，多么神奇！

医疗大数据　医疗行业很早就遇到了海量数据和非结构化数据的挑战，而近年来很多国家都在积极推进医疗信息化发展。通过全面分析病人特征、疗效数据，然后比较多种措施，可找到针对病人的最佳治疗方法。

相关术语

为了更深入地了解大数据，我们首先需要了解与其相关的术语。

Hadoop　Hadoop是一种开源的分布式系统基础架构，可用于处理大数据。Hadoop的框架核心设计是HDFS（Hadoop分布式文件系统）以及MapReduce（一种编程模型，用于大规模数据集的并行运算）。

Hadoop能以并行处理来加快处理的速度，非常高效。同时，Hadoop具有非常高的可扩展性以及成本低廉的特点。简而言之，Hadoop是一种开源的大数据分析软件，以分布式的方式处理大数据。

Hadoop　Spark　Storm　Hadoop、Spark以及Storm是当前最重要的3种分布式计算系统。Hadoop主要用于离线的、复杂的大数据处理，Spark主要用于离线的、快速的大数据处理，而Storm主要用于在线实时的大数据处理。

云计算 大数据可以简单地理解为海量数据的处理，而云计算则可以认为是硬件资源的虚拟化，可等价于我们的电脑和操作系统，把海量的硬件资源虚拟化后再重新分配使用。

云计算作为计算资源的底层用来支持上层的大数据处理。云计算包含3个层次的服务：IaaS（基础设施即服务），PaaS（平台即服务），SaaS（软件即服务）。

可视化 可视化是通过图像处理技术把数据转换成图形或者在屏幕上显示出来的技术。可视化的技术可帮助人们更好地理解、分析大数据。

数据挖掘 数据挖掘是指从海量的数据中提取更有价值信息的过程，应用于金融、通信等多个领域。

数据挖掘把数据分析的范围从"已知"扩大到"未知"，从"过去"推向"将来"，是商务智能真正的生命力和"灵魂"所在。它的发展和成熟，最终推动了商务智能在各行各业的广泛应用（参见涂子沛：《大数据：正在到来的数据革命》，广西师范大学出版社2015年版）。

元数据 元数据主要是用于描述数据和信息资源的基本属性，有指示存储位置、历史数据、资源查找、文件记录等功能。

分布式计算 分布式计算可以理解为将一项任务拆分

成不同的小项，分配给多个计算机进行处理，是对大数据进行处理的有效方法。

数据清洗　数据清洗指的是对数据文件进行检查纠错、删除重复信息等。大数据同样需要"清洗"，把不规则的数据制作成规则的数据，让它们发挥价值。

虚拟化　虚拟化是一种资源管理的技术，在计算机的范畴内，计算元件在虚拟的基础上而不是真实的基础上运行。用户可以选择物理机，也可以选择虚拟机来构建大数据应用环境。而选用虚拟机将为用户带来更多的灵活性，让系统能够应对不同规模的大数据应用的需求。

块数据　块数据是指一个物理空间或者行政区域形成的涉及人、事、物的各类数据的总和。大数据将在经济领域彻底颠覆人类自工业革命以来积累形成的经济模式和商业模式，而块数据将是大数据发展的趋势。

机器学习　机器学习是人工智能的核心技术，主要包括数据和算法，通过人类程序员设计的算法负责分析、研究数据，发掘和预测数据背后的信息。它也是让计算机更加智能化的根本途径。

人工智能　人工智能（Artificial Intelligence）是计算机科学的一个分支，于1956年被正式提出。它通过模拟人的意识及思维的信息过程，使机器可以像人一样思考和解决问题，甚至超过人的聪明才智，做更多人类不能或很难完成的事情。

数据仓库　数据仓库（Data Warehouse），可简写为DW或DWH。数据仓库是一个面向主题的数据集合，具有集成的、相对稳定的、反映历史变化的特点，用于支持管理决策。

发展趋势

开放源码　Apache、Hadoop、Spark等开源应用程序已经在大数据领域占据了主导地位。Hadoop的使用率正快速增长，许多企业将继续扩大他们的Hadoop和NoSQL（非关系型数据库）技术应用，并寻找方法来提高处理大数据的速度。

内存技术　很多公司正试图加快大数据处理速度，它们采用的其中一项技术就是内存技术。在传统数据库中，数据存储在配备有硬盘驱动器或固态驱动器（SSD）的存储系统中。而现代内存技术将数据存储在RAM（随机存储器）中；这样大大提高了数据存储的速度。

预测分析　预测分析基于数据统计，然后通过特定的算法和技术进行模拟或者预报。如今，人们开始通过使用大数据分析预测未来会发生什么。

智能APP 如今，APP越来越智能化，可以通过采集用户的行为数据，为用户提供更加便捷、个性化的服务。

智能安保 智能安保是指利用大数据、云计算、物联网、人工智能等新兴技术对某个区域或实体的安全进行智能保护。比如安防人员通过智能门禁、报警和监控等智能安保技术对指定区域采取全面的保护措施；又如网络安全员通过分析企业的安全日志数据，利用以往未遂的网络攻击信息数据预测并防止未来可能发生的攻击，以减少因攻击对企业造成的损失。

数据的资源化 数据正成为和石油一样宝贵的资源。大数据的价值正逐渐为政府和企业所重视，是提升竞争力的有力武器。

与云计算深度融合 云计算是硬件资源的虚拟化，大数据挖掘处理需要云计算作为平台。大数据技术与云计算技术深度融合，可以产生更多的场景、更多的数据、更好的算法、更强的计算，让更多的产业可以快速进入创新阶段。

第三章

大数据的立法与法理

数据共享和开放是目前大数据发展的重点话题。然而，数据开放伴随着信息泄露的风险。因此，为利用数据创造更大的价值，需要对数据的采集和使用进行规范，数据立法变得尤为重要。

目前，国家层面的大数据立法仍然没有出台，大数据的安全保护更多是从个人信息保护的单一层面展开的。国家和地方出台政策规范数据的采集和使用，在一定程度上存在一定的弊端和限制。大数据行业应该怎样立法，立法意义何在，需要涵盖哪些方面？一直是业界比较关注的问题。

本章介绍了部分大数据行业专家和从业者对数据规范和立法意义的讨论，包括大数据立法的相关建议，旨在抛砖引玉。

立法背景

随着大数据技术的深入应用和发展，数据开放和共享逐渐成为行业讨论的重点话题。首先，数据的价值是巨大的，但也是非常危险的，数据的开放必然伴随着信息泄露的风险。其次，在数据价值的挖掘过程中，如何保证数据的安全和合理利用以及应该如何规范，都是当前大数据领域所面临的严峻考验。

此外，北京航空航天大学法学院院长龙卫球在《大数据资产化立法思路与对策》一文中认为，只有让数据资产化，这些数据才能产生其真正的价值。然而，中国现行的规范体系中并没有系统的数据立法，更没有数据资产化方面的立法，相关的数据立法只是针对个人信息保护这一单一层面而言。（载《数聚力量：2016年中国大数据产业峰会暨中国电子商务创新发展峰会全记录》，当代中国出版社2017年版）

为了实现数据资产化，世界上其他国家在数据立法方面也做了诸多努力，比如美国和欧盟，然而也仅仅是采取以个人信息保护为基础的模式。这虽然与我国的策略相同，但因为欧美在互联网经济方面的优势，使得数据资产化在这些国家的发展更占优势，相对而言也会更快一些。但以个人信息保护为制度来保护产权的效果还是比较弱的，因为各种限制因素，当前世界上还没有一个国家在数据资产化方面有比较完善的立法。

1999年，哈佛的莱斯格首次提出数据财产化理论。他认为数据资产化要对数据以财产权定位，而不仅仅是人格权。

此外，大数据是当前国家的基础性战略资源，也是我国未来的核心竞争力。目前，世界各国开始纷纷出台数据保护法来保证数据主权，比如欧盟的新版《数据保护法》、德国的《联邦数据保护法》等，都冲击着我国大数据行业的发展，我国的大数据立法迫在眉睫。

然而，在立法之前，必须清楚了解数据应该对谁开放、谁去开放、如何开放以及如何保证数据安全等，因为它们都是数据立法必须面对的问题。司法部研究室副主任李富成在题为《数据开放的立法意义》的演讲（2016数博会"数据开放与立法高峰论坛"）中认为，数据立法应该以"问题为导向"，才能明确立法方向。立法之前必须明确5个问题：第一，解决什么问题；第二，是否通过法律途径解决，需要怎样的制度规范；第三，现行法能否解决当前遇到的数据问题，现在有哪些相关立法；第四，现行法解决不了的数据问题，应该如何立法解决；第五，当前新法规立法的条件和时机是否成熟。

此外，他认为应该从两个方面来看待数据立法的需求，分别是数据开放和信息公开。相对于数据开放而言，信息公开属于前互联网的概念，火热程度不及数据开放和大数据，他认为信息公开应该是数据开放的内容之一。而数据开放，则是在共享经济大数据产业的基础上对数据进行的开发利用，两者是有区别的。

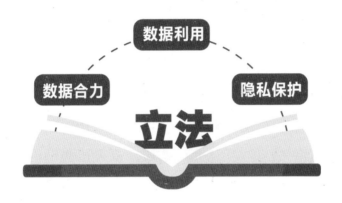

风险规避

数据立法的目的之一就是为了规避数据开放过程中的风险，以确保数据能被安全合理地利用，从而使数据产生最大的价值。对于如何规避风险，中国人民大学法学院副院长杨东在题为《数据开放的风险规制》的演讲（2016数博会"数据开放与立法高峰论坛"）中认为，数据开放应该遵循两个风险规制维度：一方面是数据开放之后，个人的数据信息隐私受到侵犯或者泄露时的防范和规避；另一方面就是对政府而言，数据开放本身能够为金融风险管控提供非常好的手段、依据和方法。他认为应该对资质、级别不同的开放对象授予不同级别的访问权限。级别越高的访问权限应该进行更严格的资质审核，确保数据的安全。

此外，他认为在数据开放中，需要注意以下3个风险规制问题。第一，数据本身所有权归属争议问题；第二，个人隐私被泄露的风险及规制；第三，数据安全的风险及规制。

数据的归属权问题是数据立法最大的争议点。比如当前我们在使用某些网购平台或者其他公司的产品时所产生的数据都会被它们默认允许使用，或者这些平台在询问数据能否被使用方面没有明确的界定。这些数据被售卖，导致个人隐私信息被二次利用。这样的案例时有发生，几乎是不可避免的风险，故而隐私的保护是大数据立法的重点方向之一。

在演讲中，杨东还提出应该建立事后追责制度以及相应的投诉机制，以确保数据主体在面临隐私被泄漏的情况下可以保障自己的权益，同时应该对泄漏个人隐私的行为着重惩处。

他还提出"全生命周期"的概念范畴。政府在数据开放过程中也应当建立相关的数据管理保障制度，包括数据开放怎么进行审核、安全保障和隐私保护对敏感信息的评估。政府掌握着大量的信息，这些信息应该确保是安全的，特别是涉及国家安全、商业秘密以及个人隐私方面的信息应当予以着重保护。

立法体系

由于相关法律法规尚未健全以及政策制度和技术标准的限制，数据所属部门不敢轻易开放数据，政府掌握的80%的有用数据无法被有效利用。长期以来，以部门为中心的政务信息化发展模式形成了许多条块分割的信息孤岛，数据无法盘活并流动起来，势必会制约大数据的发展和应用。

在大数据云处理时代，数据泄露和转移的风险无疑增加了大数据霸权也是限制大数据发展的因素之一。美国可以说是绝对的数据霸权国家，因为绝大多数国家的互联网服务器都在美国。在美国面前，我们的数据信息几乎是透明的。美国对这些数据具有控制权，可以随意对其他国家的网络使用情况进行监控。为遏制美国的技术霸权，法国、西班牙等国发动了数据主权保卫战，这对我国保护数据主权有着重要借鉴作用。

我们必须重视大数据违法利用问题。十八届四中全会的决定中指出，法律是治国之重器，良法是善治的前提。习近平总书记也提出，"要加快网络立法进程，完善依法监管措施，化解网络风险"。故应把推动社会立法、掌控公共技术放在同等重要的位置，尽快完善大数据相关法律制度体系。而且立法应考虑平衡释放数据合力、数据利用与隐私保护之间的关系。

面对数据立法相关问题，在论坛上，最高人民检察院法律政策研究室副主任王建平在演讲《开放数据的立法体系建构》中给出了自己的看法和建议。他认为我国应该尽快启动数据开放相关立法工作，建立一个健全数据分析分类制度，并明确国家数据主权完善及数据安全法律体系，推动对公民信息的保护。由此，他给出了4点建议：第一，由全国人大制定一部专门关于数据开放和共享的法律；第二，中央各部委根据各自职能制定开放部门的规章制度；第三，在地方立法层面，基于我国城乡差别较大，数据开放和共享在一定时间内须充分考虑技术条件和人才资源的差异性，做到因地制宜；第四，从全球视野来看，应当加强数据共享的国际区域法律合作，实现大数据国家战略，树立全球性的战略思维。

思路与对策

北京航空航天大学法学院院长龙卫球在演讲《大数据资产化立法思路与对策》中提出了应该从数据从业者和用

户的关系平衡上来做定位。他认为应该从数据经济的结构需求出发，围绕数据经济双向、动态的结构特点，建立更加复杂的数据资产化权利类型和体系。数据本身只是潜在资源，需要借助技术手段将其开发利用。数据权利设计不能只体现为初始数据的单边静态的财产。

从数据资产化的结构需求出发，以数据从业者的角度进行动态权利配置。数据从业者从效率和安全的角度来考虑，一定要考虑引入许可和准则制度，通过许可或者准则来取得数据经营权。早期为了减少过度竞争，兼顾安全，可以以扶持为主采取更严格的许可制度，逐渐向准则制发展。

他还认为未来我国个人数据保护制度应当以数据的匿名化为基点和起点进行建构，同时要涉及数据安全。未来的数据保护制度不应只是简单的隐私安全保护，还应涉及个人安全、社会安全、国家安全等各个方面。数据拥有者或使用者应该正确利用数据，不应该只以利益为目的而利用各自的优势谋取不当利益。

行动纲领

一个行业的发展不能离开国家法律的保护。法律是规范的底线，政策不能代替法律。随着政府数据信息的公开，国家安全和个人信息保护等面临极大的挑战，相关的立法迫在眉睫。同时，相关的数据立法也将极大地推动大数据行业的发展。

然而，对于大数据行业发展的规范，我国当前只有少数地方颁布了地方性政策文件，而绝大多数采用的都是规范性文件。这就导致一个很大的问题将会出现，就是不管是政策性文件还是规范性文件，实际功效都存在一定的局限性。而且这两种文件的共同存在有时是相互矛盾和制约的，在一定程度上这些政策没有办法实际落地。

数据的开放意味着更长远的发展，然而相关法律的缺失又极大地限制着我国当前的大数据行业发展。对此，中国社会科学院法学研究所周汉华教授在演讲《开放数据立法的行动纲领》（2016数博会"数据开放与立法高峰论坛"）中给出了自己的看法。首先，他认为中国政府掌握的80%有用数据如果无法得到合理利用，是对数据资源的最大的浪费。对此国家已经颁布《中华人民共和国政府信息公开条例》，旨在推动传统的政府信息公开和数据开放的提升，打造升级版的政务公开数据。其次，政府出于对安全的考虑，不敢轻易开放数据，在一定程度上造成了数据的封闭。要想推动数据开放，必须考虑两个重要方面：一方面是有效保护国家安全，另一方面是解决因为安全保护造成的数据封闭问题。再次，应该消除由于数据获取导致的数字鸿沟，用法律手段来保证人们公平地获取数据。

最后，用法律手段制约因为数据滥用导致的信任缺失。

不难看出，数据立法想要真正走到法律层面还有很多问题需要解决。首先，必须明确数据立法的意义以及立法过程中如何做到风险规避、如何保证立法的有效性。当前我国数据立法争论主要集中在3个方面展开：一是推动公共数据的开放共享，二是促进行业数据的规范交易，三是保障商业和个人数据安全。建议从这3个方面出发，先出台相关的政策文件，并在实践中不断修改完善，最终制定相应的法律法规。

第四章

大数据安全、隐私和合规管理

　　自大数据时代来临后，大数据不仅成了当前学术界和产业界的研究热点，更对人们的生产、生活、工作方式、思维模式等产生了潜移默化的影响。当人们在为享受科技带来的便利而欢呼雀跃时，它的危险正像蛀虫一样一点一点侵蚀着大家的生活，甚者会像火山爆发一般带来毁灭性的破坏，例如个人用户隐私的泄露、国家机密被窃取等等。

　　大数据在发展的同时，其收集、存储和使用过程中还存在着许多安全问题，需要采用更加科学、严谨的先进技术对其进行保护。本章围绕大数据有哪些安全问题、什么是大数据安全、解决安全问题的办法有什么、国内成功的数据安全管理事例等方面展开论述，对目前大数据面临的困难和风险进行了分析，对大数据的研究成果进行了探讨，以期可以找到解决信息安全问题的有效办法，从而促进大数据的发展。

加强大数据安全发展迫在眉睫

2014年，中共中央总书记、国家主席习近平在主持召开中央网络安全和信息化领导小组第一次会议时强调，"网络安全和信息化是事关国家安全和国家发展、事关广大人民群众工作生活的重大战略问题"，直言"没有网络安全就没有国家安全"，首次将网络安全置于前所未有的高度。此外，大数据知名学者涂子沛、邬贺铨、倪光南、程学旗，企业家马云、李彦宏、马化腾等都在不同场合公开发表过关于大数据安全重要性的演讲。

10年之前，你不会想到健康信息会保存到智能手机上，你也不会知道你的财务信息、你的对话、商业机密以及很多关于你的信息都已被存储在智能手机上或者云端服务器上，甚至你每天走过的地方都被保存在了微信运动上，你每天的工作内容都保存在钉钉或者蓝信上，而这些数据足够可以描述出一个人的详细生活轨迹、财务状况、工作状况以及健康状况。10年前我们可能还穿着"裤衩"，如今却如同穿着"皇帝的新装"，你觉得自己很安全，其实在"裸泳"。

可见，大数据安全已不是大数据发展的附属品，而是大数据发展的前提条件。

» 什么是大数据安全

根据国际标准化组织的定义，数据信息安全性的含义主要是指信息的完整性、可用性、保密性和可靠性。数据信息作为一种资源，对于人类具有特别重要的意义。数据信息安全的实质就是要保护信息系统或信息网络中的信息资源免受各种类型的威胁、干扰和破坏，即保证信息的安全性。

对于数据安全，专家们还有一些特别的理解。阿里数据经济研究中心秘书长潘永花就指出：可以用《三体》里的升维和降维来解释数据安全。数据安全的升维可以理解为数据在数据宇宙世界里的流动性、开放性变得越来越强，而这种强的过程，也体现了数据的外部性。数据的外部性就使得无论是企业还是个人在考虑数据安全时都不能仅从自身角度出发，要站到全局的方向考虑，要站到企业之外，站到整个产业、行业甚至国家的角度去考虑数据安全的问题。降维可以理解为在数据安全领域所收集的数据或者利用大数据进行安全技术升级时的数据会越来越多，并且是非结构化数据或者是半结构化数据，这些数据怎么才能在安全策略或者威胁情报的分析中体现出来？这个时候就要进行规范化、标准化、结构化管理，这样才能加入安全的策略和标准之中。所以从数据安全的角度在行动上要进行降维，就是更细地去分析数据的价值。

中国工程院院士、中国互联网协会理事长邬贺铨则提出：未来的信息安全将是情境感知的和自适应的。所谓情境感知，就是利用更多的相关性要素信息的综合研判来提升安全决策的能力，包括资产感知、位置感知、拓扑感知、应用感知、身份感知、内容感知等。情境感知极大地扩展了安全分析的纵深，纳入了更多的安全要素信息，拉升了分析的空间和时间范围。

近年来，国家不断加强信息安全建设。2017年1月，工业和信息化部制定印发了《信息通信网络与信息安全规划（2016—2020年）》，明确了以网络强国战略为统领，以国家总体安全观和网络安全观为指引，坚持以人民为中心的发展思想，坚持"创新、协调、绿色、开放、共享"的发展理念，坚持"安全是发展的前提，发展是安全的保障，安全和发展要同步推进"的指导思想；提出了创新引领、统筹协调、动态集约、开放合作、共治共享的基本原则；确定了到2020年建成"责任明晰、安全可控、能力完备、协同高效、合作共享"的信息通信网络与信息安全保障体系的工作目标。

» 数据安全面临挑战

网络与信息安全领域当前正面临着多种挑战。一方面，企业和组织安全体系架构日趋复杂，各种类型的安全数据越来越多，传统的分析能力明显力不从心；另一方面，随着新型威胁的兴起，内控与合规的深入，传统分析方法存在的诸多缺陷逐渐暴露，越来越需要分析更多的安全信息，并且要更加快速地做出判定和响应。

在国家层面上，邬贺铨曾举例：在第八届中美互联网论坛上，习近平总书记会见了7家美国互联网企业高层，还会见了15家中国互联网企业高层。15家中国互联网企业总市值（个别公司没有上市）估值加起来不及7家美国公司的四分之一，15家公司加起来的市值不如苹果公司一家大，相对而言我们的企业与美国企业还有差距。我们同国际先进水平在核心技术上的差距悬殊，一个很突出的原因，是我们的骨干企业没有协同效应。我们支撑大数据的产品没能做到安全可控，我们的能源、金融、电信等重要信息系统的核心软硬件和大数据服务平台的服务器、数据库等相关产品主要来自国外。国外产品是否留有"后门"我们不得而知，至少我们对这些产品的安全性心中无数。

对企业或个人，阿里巴巴（中国）有限公司技术副总裁、中国网络空间安全协会副理事长杜跃进从3个方面指出人们所担心的数据安全："第一，我们担心的是拥有这些数据的企业或者是行业滥用，他们会滥用我们的数据，做我们不能接受的事情；第二，是行业收集到的信息被偷走了；第三，担心监管部门，不管是本国的，还是他国的，把你们的数据拿走，恶意滥用。"

下面这些数据和例子足以说明我们担心的事是实实在在存在的。据金雅拓公司发布的《2016年上半年数据泄漏水平指数调查报告》显示，在全球范围内，2016年上半年已曝光的数据泄漏事件高达974起，而下半年数据泄漏事件为844起。其中，2016年9月，雅虎宣布有至少5亿用户账户信息被黑客盗取，盗取内容包括用户的姓名、电邮地址、电话号码、生日、密码等，甚至还包括加密或未加密的安全问题及答案。这是史上最大单一网站信息遭窃的记录，直接导致威瑞森公司（Verizon）对雅虎的收购"告吹"。中国网易于2016年10月被披露，其用户数据库疑似泄露，事件影响到网易163、126邮箱过亿用户的数据，泄露信息包括用户名、密码、密保信息、登录IP以及用户生日等，在国内引起不小风波。

中国青年政治学院互联网法治研究中心与封面智库于2016年10月联合发起的个人信息保护情况调研"你的隐私泄露了吗？"问卷调查显示，在近1个月的调研时间内，全国各个省、自治区、直辖市的被调查者几乎都收到过垃圾短信，接到过骚扰电话。参与调研者中，26%的人每天收到两条以上的垃圾短信，20%的人在1个月内每天收到两个以上骚扰电话；多达81%的参与调研者经历过知道自己姓名或单位等个人信息的陌生来电；因网页搜索和浏览时泄露个人信息的占53%，经历邮箱、即时通信、微博等网络账号密码被盗的占40%。这些触目惊心的数字意味着，每个人日常生活中的每个环节都可能泄露个人信息。

» 信息泄漏的主要途径

据2016年威瑞森公司的一份报告显示，89%的数据泄露事件都是由于经济利益或者间谍监测造成的，其中绝大多数是由于经济利益的驱动。近年来，国内的大型企业数据以及信息泄露均时有发生，随着微信、钉钉、蓝信等社交和办公软件的大量使用，作为运营方，如果没有足够的"库克"安全意识，那么信息泄露的可能性将会越来越大。18%的数据泄露事件是人的原因，因为员工所犯的一些错误使得攻击有机可乘；63%的数据泄露实际上是由于我们用的口令——现在大部分还是采用密码这样相应保护的方式——太弱也导致了数据泄露的发生；82%的情况下黑客几分钟就能把平台系统攻陷，而其中只有3%的数据泄露事件能够非常快地被发现，剩下的很多都需要花几周时间才能够发现，有的甚至可能需要更多的时间。

信息泄露的原因具体可归纳为以下几点。

用户缺乏个人信息保护意识 随手丢弃信息表格或快递的邮件包装，上面的个人姓名、地址、电话也随之泄露。还有手机、电脑遗失造成的信息泄露。

行业企业泄露信息 从网上买东西背后的环节很多，从最后的物流到中间的商家，这些环节中的信息都有可能被滥用，都有可能被偷走，快递公司就是个人信息泄露"大户"。实名登记部门也能够轻而易举获取到个人信息，例如旅馆住宿登记所留下的信息。

信息泄露的主要途径

企业员工因素 离职人员在离职前带走核心资料。在这些人员再次就业时，其带走的资料就成为"秘密武器"。此外，员工对于信息安全重要性的认识不足也会导致涉密人员在无意中泄露数据。

黑客窃取 黑客制造一些病毒和插件，能够轻松进入一些数据中心，将用户信息窃取。

» 大数据安全的发展趋势和合规管理

就像中国工程院院士倪光南在演讲《国产自主可控是网络空间安全的土壤》（2016中国大数据产业峰会暨中国电子商务创新发展峰会"中国智慧城市数据安全与产业合作高峰论坛"）中指出的，国产自主可控是网络空间安全的土壤。如何实现？可以从5个方面着手：一是知识产权自主可控。可以通过合法授权、商业运作，取得有足够自主权的知识产权。二是生产制造可控，亦即质量的控制。制造供应链都需要有相应的保证，这方面对硬件、软件都会有不同的要求。三是企业管理可控。根据管理需求细化管理权限，确保按需设置管理权限，充分考虑可能存在的安全风险，禁止设立超级用户，同时在满足用户需求的情况下对大数据实施可控管理。四是生态链可控。从终端到网络，到服务器与存储的生态系统。五是政策可控。实现一个公共服务体系，能够在人才培养、政策扶持方面形成一个整体。

大数据安全是一个综合范畴，需要采取战略、政策、法律等多种工具，构建起包括法律、行政、技术、行业、社会等在内的大数据安全保护体系，这样才能营造健康环保的大数据生态运营体系。更细化来说，有以下几点。

一是加强基础保护技术的研发和推广应用。推广业务系统防攻击、防入侵通用保护技术的普及和应用，引入并推广匿名技术、数据泄露保护模型技术等业已成熟的大数据安全保护专用技术。

二是加强基础保护技术体系的建设和实施。制定并组织实施适用于大数据安全保护的行业标准、企业标准和联盟规范指南，明确大数据安全保护的保护范畴、保护类型、保护级别以及具体的技术保护要求和管理要求。

三是切实加强关键信息基础设施安全防护。做好大数据平台及服务商的可靠性及安全性评测、应用安全评测、监测预警和风险评估；明确数据采集、传输、存储、使用、开放等各环节保障网络安全的范围边界和责任主体及具体要求，切实加强对涉及国家利益、公共安全、商业秘密、个人隐私、军工科研生产等信息的保护。

四是开展大数据安全流动的风险评估和安全认证活动。建立大数据安全评估体系，落实信息安全等级保护、风险评估等网络安全制度；制定发布大数据安全保护的行业规范指南，组织签署大数据安全保护的行业自律公约，开展针对大数据交易平台数据安全保护状况的风险评估和安全认证活动，根据风险评估和安全认证结果发布大数据安全保护综合排名，督促行业企业做好大数据安全保护方面的自我约束工作。

五是采用安全可信的产品和服务，提升基础设施关键设备安全可靠水平。建设国家网络安全信息汇聚共享和关联分析平台，促进网络安全相关数据融合和资源合理分配，提升重大网络安全事件应急处理能力；深化网络安全防护体系和态势感知能力建设，增强网络空间安全防护和安全事件识别能力（参见大数据魔镜：《大数据安全怎么保证？》，《人民邮电报》2015年9月11日版）。

知名企业大数据安全构建实例

» 阿里巴巴

阿里借鉴整个DMM（分布式移动性管理构架）的思想，对组织的数据安全能力进行一个等级划分，在内部的主要实践是用来评估合作伙伴的数据安全模型，以此作为数据共享的一个评判标准之一。围绕着数据的生命周期展开，覆盖组织的建设、人员以及制度流程和基础这4个维度来展开，主要是评估各组织在数据安全上面的管理能力。

从数据生命周期的过程再进一步展开，主要分为6个过程——数据的产生、存储、使用、传输、共享、销毁。在产生上主要关注的是权利管理和分级分类；存储上主要关注存储介质、存储的数据安全还有可用性；在数据的使用上，关注身份认证、加密、使用行为的监控以及使用过程的安全；在传输上主要是关注网络层面；在共享上主要是一些共享的管理要求还有合规的要求；在销毁上主要是数据的介质的销毁和数据的清理。总共有14个安全域、14个管理过程。这是数据安全成熟度的一个框架和一个评估的过程。

阿里有一个隐私保护小组，由它来制定整个隐私保护的原则、框架和相应保护的措施。主要从两个层面着手，一是隐私保护的规则，二是对应技术层面和管理层面的保护。隐私保护框架重点是从法律法规的层面上设计的，隐私权是跟着场景走的。比如说在微信上，你向你的好友共享一张照片，可能这不叫侵犯隐私；但是如果被你不认识的或者被你不愿意的披露者去向外界披露了，那么他就是侵犯了你的隐私。所以同样一份数据在不同的场景下其定性可能是不一样的，因此要跟着场景来设计这个保护框架。当然也要有相应的管理监督，保证整个框架的落地和实施（参见阿里巴巴集团安全部总监郑斌在2016云栖大会的主题演讲《DT时代：面向可持续性发展的数据安全》）。

» 腾讯微信

微信作为个人社交工具时，账号被盗应该不是什么新鲜事，但是微信个人用户目前并非实名认证，大多数是昵称，即使被盗，其所绑定的银行卡被转账的风险也没那么高，毕竟转账还需要6位数密码。而作为企业应用的公众平台，则需进行实名认证。此时腾讯服务器发送一个url（统一资源定位符）携带几个参数过来，然后企业进行验证，再把腾讯发过来的echostr（随机字符串）这个字段的内容返回给腾讯，从而完成验证过程。开发者与腾讯服务器共同持有的token（其实相当于私钥，但是此处为了与对称加密的私钥作区别，使用token〔令牌〕一词。腾讯文档中也是使用token一词），该token只有企业和腾讯平台拥有，不可外泄。

腾讯的公众号平台，在url参数这块实现了防篡改，在xml（可扩展标记语言）内容这块实现了防偷窥。总体来说，基本实现了加密技术中的"完整性"和"保密性"（参见《FBI都破解不了，大数据时代隐和安全到底多重要》一文）。

» 联通蓝信

蓝信作为企业级安全移动工作平台，定位相对来说更加精准，主要针对大中型企业以及交易所等重要机构，主打信息安全性能，国内唯一通过三级等保的移动工作平台。联通蓝信与奇虎360合作，每周出具系统安全评估报告，所有版本经过360黑客团队侵入测试、上海证券交易所交所委托第三方安全公司侵入测试等，支持政企专属部署，多种加密技术共同保障，确保数据安全。

其采取的3种部署模式为公有云服务、私有云部署、私有服务器部署，其特点如下。

第一，使用3种部署模式的三类成员资料和沟通数据分别在不同独立域内，数据隔离，确保组织业务和数据管理的安全。

第二，在业务和数据安全隔离的前提下，三类成员彼此间的沟通协作顺畅无障碍，并且身份和权限是真实和唯一的。

第三，尤其在3种服务器部署模式下，不同人员间蓝信仍然保障数据隔离，组织间沟通协作身份权限唯一，沟通协作无障碍。

3种部署模式的好处就是有效防止重要商业机密的内部泄露，从而有效保障了企业以及用户的个人信息安全（参见《FBI都破解不了，大数据时代稳私安全到底多重要》一文）。

第五章
数据标准化、流通与交易

数据价值要想得以更高质有效地发挥，需要逐步破解数据标准化及流通与交易的难点和痛点，积极推动构建健康有序的大数据生态。

近年来，与大数据交易相关的技术标准不断完善，我国大数据交易市场也得到了快速发展，整个大数据交易市场发展趋势喜人。其中，贵阳大数据交易所发布的《2016年中国大数据交易产业白皮书》详细解读了行业大数据应用及交易现状，多维度展望了大数据产业发展趋势。

挖掘"数据金矿"，攻关数据流通，需要在创新方面深入下功夫。除了流通与交易方面的应用，当前，围绕国家大数据战略，立足本质做好大数据开放、推进大数据标准化工作也很重要。具体而言，进一步完善相关标准，为未来开展数据能力成熟度评估工作打下更好的基础，对进一步助力我国大数据发展非常有益。

本章内容分享了数据标准化、流通与交易方面的相关思考、经验及概况，旨在为正在探索大数据之路的实践者们提供一些参考。

数据标准化及相关体系建设

国务院《促进大数据发展行动纲要》（国发〔2015〕50号）中明确提出要"建立标准规范体系。推进大数据产业标准体系建设，加快建立政府部门、事业单位等公共机构的数据标准和统计标准体系，推进数据采集、政府数据开放、指标口径、分类目录、交换接口、访问接口、数据质量、数据交易、技术产品、安全保密等关键共性标准的制定和实施。加快建立大数据市场交易标准体系。开展标准验证和应用试点示范，建立标准符合性评估体系，充分发挥标准在培育服务市场、提升服务能力、支撑行业管理等方面的作用。积极参与相关国际标准制定工作"。

大数据催生的以数据深度挖掘与融合应用为特征的信息化第三波浪潮正在路上，我们称之为"信息化3.0"。从我国大数据的发展状况来看，国家层面高度重视大数据，在开放、共享、安全等方面的统筹布局上整体情况不错；但在客观上也应该看到差距，不断强化"内在"实力，在核心关键技术的研发应用方面还有很长的路要走。

标准化就是从数据收集、管理、开放、共享、应用、安全、描述等多视角，建立形成产业相关技术标准。若没有通用的标准化交流"语言"，不采用同样的使用"格式"，"信息孤岛""数据孤岛"就会成为阻碍高效发展的绊脚石。

在上述背景下，成立于2014年12月2日的"全国信息技术标准化技术委员会大数据标准工作组"已研究推出了大数据技术参考架构，大数据标准工作已立下了多项国家标准，进一步完善了大数据标准体系架构设计。该项工作不仅在国内取得了一些好的成果，在国际化方面也有很足的进步。

据全国信息技术标准化技术委员会大数据标准工作组组长、中国科学院院士梅宏介绍，面向国家大数据战略实施的标准研制，标准工作组也部署了更进一步的发展规划，包括3个方面内容：第一是开放、共享大数据标准研制，面向政府需求，研制支撑数据开放共享的技术及管理标准，推进大数据资源建设；第二是应用领域标准研制，面向产业行业需求，选择典型领域制定相关标准，助力产业创新发展和新兴业态培育；第三是相关安全标准，面向信息化时代国家安全保障需求、个人隐私保护需求，制定相关标准。此外，各个方面的标准化工作也在持续有效开展中。

在此需要特别强调的是，关于开放、共享大数据标准的研制，目前需要正视所面临的一些挑战。将数据掌握在自己手上很重要，但是开放共享更重要，因为人人都看到数据的重要性，但若各自为营、彼此分割，那么如何实现大数据的共享就成为一个非常具有挑战性的问题。为此可以从技术入手，从操作上解决这样的"孤岛"问题，实现跨系统间的数据交互与共享。

大多数企业都面临几个普遍性的问题。首先，企业将大把时间都花在了基础的数据采集、清洗、组织、管理上，很少去真正关注可以产生数据价值的业务分析和对外结合等；其次，即便是开放也只是象征性地进行了一些简单的动作，因为牵涉数据各个利益方的实际利益，同时也缺少相关法规或可行的体系去支撑、保护和运行，导致企业不愿意、不敢去开放；第三，不知道怎么开放，在数据保密的前提下，企业惮于将数据拿出去，也不知道什么样的数据可以拿出去，技术方面没有支撑，面临不会开放且开放成本、风险、难度系数较高等困难。鉴于以上问题的存在，所以之前企业大数据运用并没有取得比较满意的效果。

针对如何实现开放共享的问题，国内的"燕云系统"提供了一套行之有效的解决方案，其核心是数据互操作技术。根据梅宏院士的描述，该套技术是将现有的信息系统当作一个"黑盒"，将整个系统结构抓出来，之后就可抓住所有数据的访问接口，将其封装成一个相关的API（Application Programing Interface，应用程序编程接口），构造成现行系统架构。这个系统可以不触碰源码，在现行系统运行之后拿到所需东西，之后通过分析和组织，就可以访问所有数据。基于数据接口，可以重新塑造新的业务流程，叫作运行式体系结构。基于这样的技术，将运行系统通过黑盒的方式拿出结构，就可以访问所有数据。这样既不会触碰数据所处地及源头，也不会侵犯数据权，就可以将所需数据、加工过的信息反馈出来，形成有效的解决方案。目前，该系统已经进行了一些成功的实践。

综上，我们的确需要时间和实践去调整平衡各方需求，反之也需要各方共同努力去构建整个产业生态环境。我们可以窥见，在推进大数据产业的发展过程中，通过立足现状、创新应用、合作共享、提升实效毋庸置疑能为自主可控的技术体系建立做出应有的贡献。

数据流通与大数据生态

2017年2月，国家发改委正式批复认定了首个"大数据流通与交易技术国家工程实验室"，这不仅是国家大数据产业创新体系的重要组成部分，更是进一步围绕国家大数据战略、落实国家"十三五"战略布局、促进大数据产业健康发展的重要举措。

数据流通是大数据产业的重要环节，在大数据生态这个复杂体系里面必然面对多元数据。多元需求需要多元数据，流通起来的数据才更具价值，包含生产、共享、转移、流通、交换、交易、消费等，需求庞大且非常迫切，而拨开大数据共享、交换及交易等环节的迷雾——流通不畅、标准不明、数据质量参差不齐——是促进形成完善的大数据双创生态的重要突破点之一。

大数据生态并非单一的个体可以形成，数据流通的更新和跨界离不开协调与分工，实际上在整个产业里不仅仅有大家所熟知的数据科学家，还包括有其他诸如数据工程、数据挖掘、数据分析、数据算法、产品经理、数据交易等的结盟与分工，所以，生态需要去"共建"，这样才能有效地将数据转化成行动力。企业要想锻炼出行如风的领跑能力，除了需要具备最基本的数据资产、处理大数据的能力外，更重要的是需要关注利用分析结果指导决策及推动创新应用，而不是简简单单地被数据淹没而浸泡其中。

电子科技大学互联网科学中心主任，大数据研究中心主任、《大数据时代》译者周涛曾在他的专著《为数据而生：大数据创新实践》中提到过最经典的"八个看"，即企业"数据化"需要看重8个步骤：一是，需要有数据资产概念，采集并存储数据，全面数据化；二是必须整理数据资源，建立数据标准形成管理；三是形成管理规范，建设完善的数据管理平台；四是建立海量数据的深入分析能力；五是建设外部数据的战略储备；六是建立数据的外部创新能力；七是推动自身数据的开放与共享；八是数据产业的战略投资布局。由此看来，数据不管理、不关联是没有力量的，而这"八个看"最终也体现出数据对外流通、对内发展的重要性，这些都将是逐步形成完整大数据闭环的一些适宜做法。

"每个企业基本上是将经验驱动和数据驱动作为结合体，没有一个团体可以说只用数据驱动。"优易数据研究院院长、阿里巴巴原副总裁兼数据委员会会长车品觉如是说。

首先，企业可以用数据知道发生了什么、为什么发生、未来还会发生什么、发生了之后能做什么，然后呢，能不能将整个决策自动化？目前的企业大数据其实很多时候需要人类在中间做决策。

其次，当本身所拥有的数据不足够了解"发生了什么""为什么发生"时，就需要更多第三方数据补充对一件事情的理解，完成数据闭环。当能把闭环串起来时，能产生很多"看见发生了什么"的形态，可以使数据产品、数据运营自动化；甚至会达到数据引擎这样的形态，从原始数据生产到数据挖掘算法、数据应用，再到应用。但是就大数据来讲，第三方数据变得越来越重要，是因为它圆了闭环；若圆不了闭环，会发现所看到的东西还是片面的；有了大数据，容易以偏概全，而随着第三方数据量逐渐增加，才有可能实现"以全概偏"。

车品觉认为更关键的事情就是所使用数据的实时更新。所谓"活的数据"，就是"没有更新的数据是没有作用的"，需要用数据的活跃度去判断第三方数据扩展有没有达到想要的目标和效果，帮助完成有效的数据决策。

大数据的创新性实践

在对整个数据流通生态和数据闭环进行思考后，接下来看数据流通方面的一些创新性的尝试和经验。

因为一次有心的发现而结缘于大数据，国信优易数据有限公司首席执行官王亚松感慨，坐拥如此大的"数据金矿"，不将数据的社会增值服务价值挖掘出来似乎很可惜。于是他开始探索数据流通领域，深入实践如何通过数据流通去获得经济效益，产生社会价值。这看上去似乎很简单，但实际做起来在初期还是遇到很多困难，诸如：数据看似很有价值，但很难直接使用；很难找到合作的商业模式；难以发挥价值……

那么王亚松他们是如何去做的呢？"我们第一个想到的创新是基于数据本身的创新，我们想将数据和应用价值联系起来。"王亚松道出了其中的关键。

这是一个关于大宗农产品交易的例子：今天玉米价格又涨了，怎么昨天没有买入？玉米价格降了，库存还有很多高价买入的玉米。了解到这些问题后，王亚松发现这其中有商机：如果能利用大数据或其他什么方法预测未来玉米价格的波动，那商业价值就非常大了。因为玉米是可作为饲料的农作物，对于饲料来说，越干燥价值就越高，所以玉米价格跟玉米湿度有很大关系，于是就联想到采集包括湿度、温度、气压、光照等实时更新的气象数据。基于数据作为支撑，结合跟玉米数据相关的指标，便建成了玉米价格预测模型，如此便可以比较精准预测到第二天玉米价格的波动。王亚松的公司通过一段时间来完善和试用预测模型，结果提高了收益，这证明了用创新实践的方法将数据和产业结合可以实现价值，这对大数据行业、产业的推动和发展来说，迈出的是很重要的一步。（参见王亚松在2016数博会"大数据创新生态体系"论坛上发表的演讲《大数据流通的再创新》）

单一的创新方向对于那么多数据资源来说只是冰山一角，如何扩大规模？王亚松及其公司再次进行了创新尝试。他们打造大数据平台，将数据与最终价值关联起来，形成一套完整的大数据周期管理体系，实时动态展示并提供服务；将从数据接入到数据流出的整个流程管理起来，让数据流通起来，让大数据真正产生价值。

以上的例子仅仅只是一些尝试，甚至可以说只是一个开始。基于大数据的创新是小的创新，以大数据为核心要素的创新点还可以有很多，这条路走下去可能还会形成大的创新模式，比如还会有对数据价值的判断和决策甚至让大数据产生新的变革等。思路在于创新，价值也在于创新，这一切尚待有心人去发掘！

数据交易与数据价值

大数据也需要外部环境，在这里必然绕不开数据交易这个话题。那么整个大数据交易发展成什么样了？大数据交易市场现状如何？整个大数据交易所拉动的产业链形成什么样的格局？数据交易的标准是什么……作为业内人，应该清晰地把握大数据产业宏观环境、产业结构，了解行业大数据应用、交易现状，深入分析市场规模、竞争格局，多维度展望大数据产业发展趋势。

据贵阳大数据交易所发布的《2016年中国大数据产业白皮书》（以下简称《白皮书》）显示：国内现有的数据交易平台主要有3种类型，一是以贵阳大数据交易所为代表的交易所平台，包括湖北长江大数据交易所、陕西西咸新区大数据交易所等；二是产业联盟性质的交易平台，以中关村数海大数据交易平台为主；三是专注于互联网综合数据交易和服务的平台，比如数据堂等，未来还将会不断扩展增加。在数据交易的实际操作中各交易平台也都提出和建立了各自的交易模式、流程和标准。未来，数据交易将会形成统一的标准体系，规范交易数据，实现各交易平台之间的联通。

目前国内大数据产业链主要分为6个板块：第一，数据源；第二，大数据硬件技术支撑层；第三，大数据技术层；第四，大数据交易层；第五，大数据应用层；第六，大数据衍生产业层。每一层又都有各自的专业方向和无数企业在增长、运行。

根据贵阳大数据交易所在《白皮书》中的预测，到2020年，我国大数据产业规模或达到一万多亿的高点。

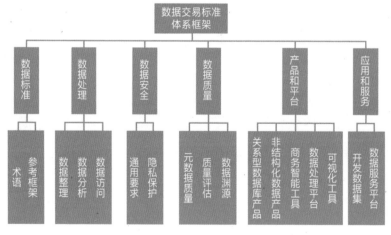

注：本体系为贵阳大数据交易所提出。

数据交易标准体系框架图

　　如果说大数据是石油、黄金或钻石矿，那么它总有一天会挖掘完，所以，贵阳大数据交易所执行总裁王叁寿认为：大数据是无限循环又是无限复制的绿色资源，大数据的价值远远不是石油和黄金可以媲美的。大数据将会颠覆未来很多产业的竞争模式，包括保险、家电、银行、医疗和教育等行业，产生新的盈利模式。还有很多数据没有激活，那些隐藏的数据资源是非常有价值的。不管是政府、企业、行业，对大数据的需求基本都是刚性的，同时也都需要释放数据价值。一切产业皆数据，坚信终究有一天数据所产生的价值将超过土地的价值。

第六章
政府数据开放与治理变革

加快政府数据开放共享

　　大数据是一次颠覆性的技术革命。在政府治理领域，大数据也带来了巨大的变革潜力和创新空间。大数据时代是政府治理理念转型、治理模式创新、决策科学化、服务效能提升的重要历史机遇期。在新的时代背景下，如何促进政府数据资源共享？如何推进社会治理与政府职能转型？如何利用大数据提升政府治理及公共服务的能力和水平？这些既考验着管理者的管理能力，又影响着大数据未来的发展方向。

　　为全面推进我国大数据发展和应用、加快建设数据强国，国务院印发了《促进大数据发展行动纲要》（国发〔2015〕50号，以下简称《纲要》）。《纲要》中提到，目前，我国在大数据发展和应用方面已具备一定基础，拥有市场优势和发展潜力，但也存在政府数据开放共享不足、产业基础薄弱、缺乏顶层设计和统筹规划、法律法规建设滞后、创新应用领域不广等问题。针对现状，《纲要》要求加快政府数据开放共享，推动资源整合，提升治理能力；到2018年，实现中央政府层面数据统一共享交换平台的全覆盖，实现金税、金关、金财、金审、金盾、金宏、金保、金土、金农、金水、金质等信息系统通过统一平台的数据共享和交换。

数据开放是政府发展的重要趋势之一。作为大量数据的拥有者、管理者，政府及相关机构应该成为数据开放的推动者、先行者。国务院发布《"十三五"国家信息化规划》中提出："区分轻重缓急，分级分类持续推进打破信息壁垒和孤岛，采取授权使用等机制解决信息安全问题，构建统一高效、互联互通、安全可靠的国家数据资源体系，打通各部门信息系统，推动信息跨部门、跨层级共享共用。'十三五'时期在政府系统率先消除信息孤岛。"

我国政府掌握着大量的数据资源，但长期以来，由于各级政府、各部门之间的信息网络存在壁垒，使得海量的数据资源难以实现互通共享。正因如此，李克强总理已多次要求治理政府信息孤岛这一弊端。他指出，目前我国信息数据资源80%以上掌握在各级政府部门手里，"深藏闺中"是极大浪费；一些地方和部门的信息化建设各自为政，形成"信息孤岛"和"数据烟囱"，严重制约了政府效能的提升，给企业群众办事创业造成很大的不便。

工业和信息化部于2018年1月17日发布的《大数据产业发展规划（2016—2010年）》中提到，目前我国政务信息化水平不断提升，全国面向公众的政府网站达8.4万个。2012年6月，上海市政府推出了全国首个开放数据门户，上海市政府数据服务网正式对外提供一站式的政府数据资源；首批重点开放政府审批、备案、名录类数据。同年，北京市政务数据资源网上线，随后，各地方政府相继开展了政府数据开放与共享探索工作，包括无锡、武汉、青岛、重庆、贵阳、广州等十余座城市陆续上线了各自的开放数据门户。

在武汉，基于市政务云（数据）中心统一框架，大力推进跨部门、跨系统的平台建设。由软通动力信息技术（集团）有限公司（以下简称"软通动力"）承担建设的"武汉政务云数据中心平台"以建设数据资产登记编目服务、数据交换服务以及数据推送服务为核心，打通政府办事环节，突破资源共享瓶颈，监管数据共享情况，实现政务数据资源科学配置和有效利用，打造智慧型服务政府。

数据资产登记编目服务汇总政务部门的数据资产，经过清理登记，按照国家标准，结合武汉市规范形成编目规则，对所有数据资产进行统一编目，同时兼顾编目的扩展，提供扩展规范；从多个维度以报表、图表方式展示数据交换情况；了解各行政部门已共享或已授权的数据资源情况。

数据交换服务体系管理数据资源目录的共享程度（完全共享、条件共享、非共享）、共享模式（验证、批量、查询）、访问数据资源目录权限验证；提供调用接口，根据交换规则路由到已授权的数据源，提取数据返回给调用方；在交换过程的多个阶段中增加追踪日志，通过分析数据交换的日志，从多个维度统计交换情况。

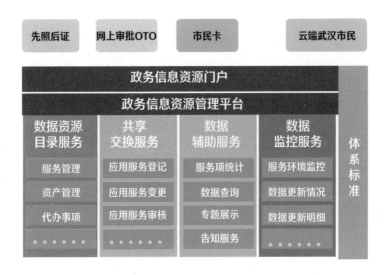

武汉市政务云平台数据中心总体架构

数据推动服务指定某些政务部门的数据放到前置机作为标准，设定比对验证规则。当参考数据发生变更，就将变更数据发送到平台门户进行展示，通知各政务部门更新自己系统相应的数据。

武汉市政务云平台数据中心是为行政机关之间进行数据共享提供支撑的信息技术平台，能够实现包括政务数据资源梳理服务、数据资产登记服务、数据目录服务、共享交换服务、数据资源监管服务、数据资源门户等功能。

在沈阳，沈北新区作为市行政管理体制改革的试验区，确定了9项具体改革任务，智慧政务是行政管理体制改革的任务之一，由软通动力承担建设了"沈北新区智慧政务平台"。项目主要采用了云计算虚拟化、大数据分布式技术。

通过智慧政务建设，实现以数据集中管理、统一共享为核心的大数据平台，通过"办公、管理、服务、决策"4项职能，建设内部办公高效、社会治理精准、民生服务便捷、辅助决策可靠的全新智慧政务应用平台，建设安全、标准、运维三大支撑体系。

其中智慧决策系统是通过对区域经济发展、社会发展、产业发展指标的分析，为领导层在宏观、中观、微观上提供决策依据。功能包括经济发展分析、社会发展分析、重大项目管理、舆情监测4个子系统。系统依托大数据平台及其他各类信息资源，通过对各项指标的综合分析，构建不同主题和方向的分析模型体系及指标体系，为各级领导的决策提供实时准确的数据统计分析支撑。

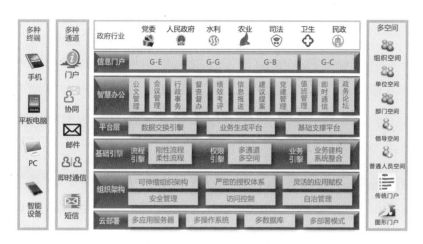

智慧办公系统的整体架构

以经济发展分析为例，系统对城市经济发展的宏观、中观、微观性指标进行实时动态监测，从产业、行业、区域、时间多维度归整数据，实时了解城市经济运行状态及不同产业、行业、企业运行情况。配合数据可视化技术，设计优化屏幕适配，将重点内容以图文表格等形式汇总，查询展现在不同类型的屏幕终端，方便查阅。

沈北新区智慧政务平台打破了原有的"信息孤岛"状态，强化应用成效。新区下辖8个功能经济区，以招商引资为主要工作。重大项目系统运行以来，全面梳理了各功能区的在建项目，实现了商务局、财政局、土地局、审批局、项目办5个部门的数据互通共享，为区领导实时掌握项目动态、决策部署招商工作提供了高效的技术支撑。

贵阳市政府数据开放平台已正式上线运行，首批面向社会免费开放634个数据集以及101个API（应用程序编程接口）资源，涵盖了五十余个贵阳市政府职能部门及相关直属事业单位。贵阳市信息产业发展中心高级工程师黄明峰认为，贵阳市的政府数据开放有地方性法规作为支撑，是贵阳市政府数据共享开放顶层设计的具体实现，通过创新的生态模式和创新技术，注重数据标准建设，由多源异构的数据采集体系、数据加工、应用聚集等共同支撑，可以说贵阳市的数据开放工作是体系化的推进。

贵州作为全国第一个大数据综合试验区，近年来一直走在大数据发展的前沿。2017年国家信息中心发布了业界首部基于大数据方法对大数据行业发展现状进行研究的报告——《中国大数据发展报告（2017）》。报告中发布了全国十大最具影响力的地方大数据政府机构，贵州有贵州省大数据局、贵州省发改委、贵州省经信委、贵州省信息中心、贵州省科技厅共5家机构上榜，分别排名第一、第二、第四、第五、第七。

贵州除了加快政府数据开放步伐，同时还积极部署顶层设计规划。2016年，《贵州省政务数据资源管理暂行办法》（以下简称《办法》）出台，提出推进政务数据资源聚、通、用。《办法》涵盖了总则、数据目录、数据采集、数据储存、数据共享、数据开放、安全管理、督查检查、附则，共9章42条。根据要求，贵州省各政务部门将梳理自己所掌握的数据资源，着手编制本地区、本部门的"数据目录"，明确数据的来源、类别、共享和开放属性、级别、使用要求、更新周期等。其中政务数据开放分为3种类型管理，分别是无条件开放、依申请开放和依法不予开放。

以贵阳为例，共享开放主要做法的总体思路为：以建设块数据城市为目标，以政府数据资源目录体系建设和项目驱动为抓手，以"一网"（即电子政务外网）、"六平台"（即云上贵州·贵阳平台、政府数据共享交换平台、政府数据开放平台、数据采集平台、数据增值服务平台、数据安全监管平台）、"一企"（即贵阳市块数据城市建设公司）、"一基地"（即数据加工清洗基地）为载体，整合本地数据、国家数据和互联网数据，建设块数据资源池，提高政府数据资源开发利用价值，提升行政效率和政府治理水平，促进大数据产业发展。

政府数据开放促进创新

数据已经成为国家基础性战略资源之一，是21世纪的"钻石矿"。抢抓机遇，推动大数据产业发展，对提升政府治理能力、优化民生公共服务、促进经济转型和创新发展有重大意义。数据的开放有利于增加政府的透明度、完善责任机制、确保民众的知情权、发挥民众的监督作用。

同时数据开放有利于增加公民的参与性，从而建立充分的政治互信。此外，加强政府数据资源开放，有利于催生大数据产业新模式、新业态，促进企业创新创造，形成"大众创业、万众创新"的良好局面。

北京西长安街街道辖区面积4.24平方千米，是党中央、全国人大、国务院等党和国家首脑机关的办公所在地，也是中国著名商业街——西单商业区所在地。街道的功能定位是国家政治中心的主要载体和国内知名的商业中心及居民居住区。

针对西长安街街道的实际情况，北科维拓科技公司与西城区合作，运用大数据、云计算等新技术打造了以数据共享为核心的大数据社会治理系统——"数字红墙"。

"数字红墙"包含一中心（大数据中心）、三平台（民生服务平台、互联网+政务服务平台、网格化管理平台）、四系统（大数据分析系统、应急指挥系统、运行监控系统、绩效监察系统）。按照"互联网+"的要求，打通了辖区17大类22项服务的后台管理，各个系统互联互通，解决了困扰政府多年的"信息孤岛"瓶颈，最大限度实现了"一窗受理""一网通办""接办分离"。有了这面"墙"，街道就可以通过它不断汇聚市区平台、街道平台的各类政务及管理、城市部件数据，结合网格事件、民情民需，汇同人、地、物、事、组织等基础数据开展分析研判，以回应民众所需、关注民生所指、治理民怨所盼、聚焦联合疏非、破解城市顽疾。同时，"一站式"综合业务受理平台通过对数据资源整合，将政府各单位垂直业务系统实行数据无缝对接，实现了"区—街道—社区"多级跨部门的大数据的互联互通、交换共享，在提升窗口业务受理人员办事效率的同时也为政府提供高层次、细化的公共服务提供了可能。政务服务从多门向一门转变，大大减少了群众办事的流程及手续的烦琐程度，实现了让信息多跑路，让群众少跑腿的管理目标，极大地提高了政府的办事效率，提升了公信力。

基于大数据的分析预测功能，"数字红墙"极大地提高了受用机构的科学决策水平、服务效率和社会管理水平。在公共服务、促进经济社会发展的职能方面，大数据亦可以发挥巨大的作用。例如：可通过掌握的大量关于人口、法人和城市空间地理等数据，用于提供满足群众需求、针对性的公共服务；凭借大数据技术，对所掌握数据的精细分析，可让城市公共卫生、教育、城市规划、交通服务得到改善；基于大数据分析结论，可根据人口年龄结构的变化及时做出局部地区的产业结构调整。

我国政府数据开放以及政务系统平台建设应用目前还多限于单个区域范围内。武汉市工商局的长江中游城市群工商政务云平台是全国首个跨区域协同办公的工商政务系统，这一平台由北京中润普达信息技术有限公司承担建设，通过运用大数据、云计算等技术，建立常态化、标准化的政务信息归集和共享交换机制，以武汉、长沙、南昌、合肥4个城市的工商业务数据作为基础，整合4个城市工商政务信息，开展中部城市群政务大数据应用，形成统一架构、高效融合、协同治理的政务服务网，实现跨区域的数据共享、业务协作、数据分析以及工作交流。

平台以基于中文语义的"认知矩阵计算技术"智能分析引擎为技术核心，采用SOA（面向服务的体系架构）及云计算模式，将总体架构分为数据接入层、数据存储层、数据服务层和平台应用层4个层次，总体形成一个从数据接入、整合、分析、挖掘到应用服务的完整闭环。

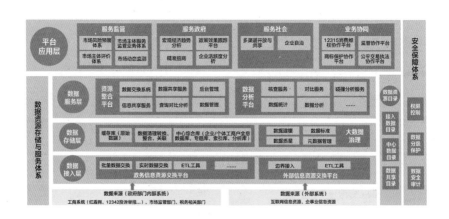

工商政务云平台架构图

作为全国首个工商政务系统跨区域协同办公大数据信

息平台，该平台为推动服务型工商建设、营造良好市场交易秩序和社会信用环境、打通长江中游城市群经济发展、推进工商行政管理效能建设提供强大技术支撑，对全国工商政务系统跨区域协同办公具有示范意义。

同样是大数据在工商系统的应用，贵阳市工商局将企业监管、企业诚信、消费者维权、重大消费舆情事件的高效及时监测作为利用大数据来解决的痛点问题。在成都数联铭品科技有限公司的协助下，贵阳市工商局归集整合了贵阳市工商及相关政府部门大数据、互联网社会化公开大数据两类数据，通过所搭建的贵阳市工商大数据监测监管平台，围绕消费市场监测监管、企业信用监测监管、区域经济社会发展监测等方向，依托大数据支持处理技术开发建设构建了应用系统。系统为工商管理行业管理、相关部门行业管理、政府整体经济运行的决策支持和政策制定提供了科学的数据支撑。

作为统一大数据市场监测监管平台，系统整合归集了工商行政管理和其他涉企监管部门的政府数据，采集整合了市场主体的社会化公开大数据，使数据多维、全面。系统通过数据采集来分析服务与市场监管，为政府决策和社会运用提供智力支持，可解决消费舆情预警、监测企业失联及异常行为、企业信用监管、经济分析4类痛点。

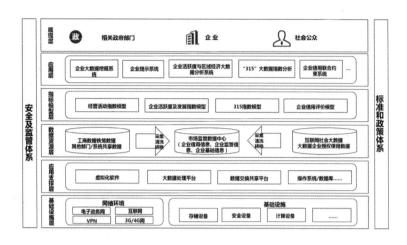

平台项目总体架构设计图

　　其中，使突然"失联"的企业无处遁形是失联企业大数据挖掘系统的重要工作和内容。失联企业大数据挖掘系统通过企业相关信息的关联、融合、比对、分析，辨识"失联企业"，必要时借助GIS系统对这类企业进行地理位置分布分析，实现对企业的精准定位、精确监管，从源头解决企业隐身问题。企业异常行为预警系统则通过运用大数据、互联网技术，经工商、市场监管部门数据和互联网大数据的关联、对比、分析，及时识别发现企业异常行为，自动进行预警、归集、管理，有助于工商、市场监管部门及时了解异常企业情况，对可能导致重大失信风险的异常企业进行预测、预警和辨识，对风险企业进行约谈，开展企业监管和信用约束。

大数据的发展为政府治理能力的提升带来机遇，而政府加快数据开放的步伐，又大大激发了"大众创业、万众创新"活力。北京市信息资源管理资源中心总工程师穆勇提到，可以通过数据开放，将一些工作交给社会，让公众参与到决策的过程和结果中来。2017年2月，国家信息中心、南海大数据应用研究院发布的《2017中国大数据发展报告》显示，2015年前三季度，大数据领域双创热情指数大幅上扬，涨幅达75.34％，整体保持高位运行。随后虽受全球资本寒冬影响出现小幅下降，但2016年第四季度，该指数显现抬头趋势，市场对大数据领域的双创热情有升温迹象。

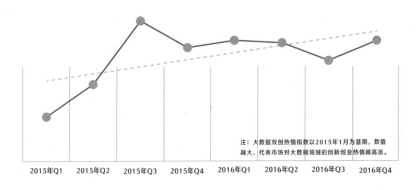

注：大数据双创热情指数以2015年1月为基期，数值越大，代表市场对大数据领域的创新创业热情越高涨。

| 2015年Q1 | 2015年Q2 | 2015年Q3 | 2015年Q4 | 2016年Q1 | 2016年Q2 | 2016年Q3 | 2016年Q4 |

2015年以来大数据双创热情指数走势

信息来源：国家信息中心

我国的创新动力增强。大数据领域专利申请数量自

2010年以来飞速增长，2013年达到2010年的10倍之多；虽然2014年出现小低谷，但随后在新的台阶上继续高速增长；2016年，专利申请量达到634项，为大数据行业发展提供了充足的驱动力。

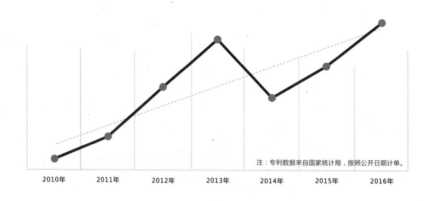

注：专利数据来自国家统计局，按照公开日期计单。

| 2010年 | 2011年 | 2012年 | 2013年 | 2014年 | 2015年 | 2016年 |

大数据领域专利申请数量逐年变化

信息来源：国家信息中心

目前，我国各地大数据产业蓬勃发展，各地区政府高度重视大数据产业的发展，积极推动政府数据开放与共享，加快大数据应用的开发与落实。在2017中国国际大数据挖掘大赛启动仪式上，来自北京、贵阳、上海、深圳、广州等17个国内政府数据开放先行城市代表共同发布了《共同促进数据开放及应用行动宣言》（以下简称《宣言》），《宣言》倡议，要厘清义务和权利，做好标准和对接，保障安全和隐私，谨慎试验，坚定探索，共促政府数据开放，引领数字经济的崭新未来。

业内人士认为，随着国家发改委《政务信息资源目录编制指南》的出台实施以及地方政府推动政务信息资源互联开放共享的进程不断加快，大数据在政务领域的应用将会逐步深化，成为提高宏观调控、市场监管、公共服务有效性的重要手段，有力支撑政府行政服务效能的提升和社会治理手段的优化。

政府数据开放与安全

随着大数据时代的快速发展，互联网与经济社会各领域深度融合，网络安全威胁和风险日益突出，个人隐私与国家安全面临着前所未有的威胁。如何设置数据开放标准、加强数据保护成为摆在数据开放面前的重大难题。

在加强信息安全保护方面，美国的一些实践经验或许可以给我们一些启示。美国自发展大数据以来，运用技术手段和法规制度相结合，双管齐下，强调数据的开放，获取政府信息必须与国家安全、法律执行、个人隐私保护等方面达成平衡，避免由于大数据信息数量庞杂、交换传播速度快而造成泄露国家秘密、侵犯商业秘密和个人隐私等信息安全事件。根据美国相关法律规定，在大数据条件下获取政府信息首先应当遵守2007年修订的《信息自由法》有关不予公开信息的条款。除了《信息自由法》明确规定的不予公开信息外，美国国会近年来还连续通过了《网络情报共享与保护法令》《联邦信息安全修正法令》《2012年网络安全加强法案》等信息安全保护法律性文件，由此可以看出美国政府对大数据时代信息安全保护的重视。而在"棱镜门"事件后，美国政府更是加大了对政府的信息安全保护，使整个信息安全系统的结构框架更加紧密坚固（参见朱作鑫：《大数据视野下的政府信息公开制度建设》，载于《中国发展观察》2015年第9期）。

我国自20世纪90年代以来，先后出台了多部涉及互联网个人信息安全的法规、条例、办法，如《中华人民共和国计算机信息系统安全保护条例》《互联网网络安全信息通报实施办法》《全国人民代表大会常务委员会关于加强网络信息保护的决定》等。然而，基于互联网的快速发展，信息安全问题愈演愈烈，现有的信息保护政策难以有效解决日益突出的信息安全问题。

2016年9月，国务院印发《政务信息资源共享管理暂行办法》，对当前和今后一个时期推进政务信息资源共享管理的原则要求、主要任务和监督保障做出规定。文件指出，要加快推动政务信息系统互联和公共数据共享，充分发挥政务信息资源共享在深化改革、转变职能、创新管理中的重要作用，增强政府公信力，提高行政效率，提升服务水平。政务信息资源包括政务部门依法采集、依法授权管理和在履行职责过程中产生的信息资源。按照资源共享属性，政务信息资源分为无条件共享、有条件共享、不予共享3种类型。同时严格规定"凡列入不予共享类的，必须有法律、行政法规和党中央、国务院政策依据"。同年11月，《贵州省政务数据资源管理暂行办法》印发，对贵州省政务数据资源的采集、存储、共享、开放及安全管理等方面做出了明确规定。

政府数据开放的国际合作

大数据时代的数据存储和应用方式是跨地域甚至是跨国界的，数据的开放不仅限于国内的数据资源。2011年，美国、英国、巴西、挪威、墨西哥、印尼、菲律宾、南非8国宣布成立"开放政府联盟"（OGP），并发布《开放政府宣言》。2013年，欧盟建立了汇集不同成员国以及欧洲机构数据的"泛欧门户"。面对日益开放的国际数据形势，经中央网络安全和信息化领导小组批准，外交部和国家互联网信息办公室于2017年3月1日共同发布《网络空间国际合作战略》。战略以和平发展、合作共赢为主题，以构建网络空间命运共同体为目标，就推动网络空间国际交流合作首次全面系统提出中国主张。战略还从9个方面提出了中国推动并参与网络空间国际合作的行动计划：维护网络空间和平与稳定、构建以规则为基础的网络空间秩序、拓展网络空间伙伴关系、推进全球互联网治理体系改革、打击网络恐怖主义和网络犯罪、保护公民权益、推动数字经济发展、加强全球信息基础设施建设和保护、促进网络文化交流互鉴。

目前，我国大数据发展总体仍处于起步阶段，在推进政府数据公开方面各地方政府正在积极努力探索，并取得了一定成效。然而，当前部门间数据共享及数据开放仍待加强，数据开放、信息公开的相关法律法规仍需进一步完善，数据开放之路任重而道远。政府应正视大数据时代潮流，主动抓住大数据带来的发展机遇，利用数据资源提升政府治理能力，更好地满足民众的需求，使数据迸发出更大的价值。

第七章

大数据综合试验区建设与大数据产业发展

大数据现已成为这个时代的关键词，被人们称为"未来的新石油"。在这个信息量暴增的时代，任何一个行业和领域都会产生海量有价值的数据，通过对这些数据的收集、挖掘、分析，会创造意想不到的价值和财富。

大数据的价值正逐渐被挖掘，推进大数据发展和应用，已成为提升政府治理能力的重要技术手段、培育新兴产业的主攻方向与社会转型升级的重要途径。

本章节以时间为主线，主要介绍了贵州省、京津冀、珠江三角洲、上海市、河南省、重庆市、沈阳市、内蒙古自治区8个已获批的国家级大数据综合试验区及我国现阶段的大数据产业发展概况。

大数据综合试验区建设

中国发展大数据产业是无经验可循的。国家信息中心信息化和产业化发展部副主任单志广曾谈道："大数据是目前经济发展的蓝海，但这个蓝海没有航标，也没有领航员，需要我们利用自己的智慧来探索一条没有实践经验的路径。试验是对未知事物的探索，需要一些地方经验与国家层面的行动纲，要自上而下相结合，推动大数据产业的发展。"

2015年8月31日，国务院发布《促进大数据行动纲要》，提出开展区域试点，推进贵州等大数据综合试验区建设，促进区域性大数据基础设施的整合和数据资源的汇聚应用。

2016年2月25日，国家发展改革委、工业和信息化部、中央网信办发函批复，同意贵州省建设国家大数据（贵州）综合试验区，这也是中国首个国家级大数据综合试验区。

2016年10月8日，国家发展改革委、工业和信息化部、中央网信办发函批复，同意在京津冀、珠江三角洲、上海市、河南省、重庆市、沈阳市、内蒙古自治区7个区域推进国家大数据综合试验区建设。

2016年12月18日，工业和信息化部印发的《大数据产业发展规划（2016—2020年）》中的发展目标提到，建设10—15个大数据综合试验区，创建一批大数据产业集聚区，形成若干大数据新型工业化产业示范基地。

表1　已获批的国家级大数据综合试验区

批次	时间	批复部门	属性/地区		定位
首个国家级大数据综合试验区	2016.2.25		国家大数据（贵州）综合试验区		通过3—5年时间的探索，有效打破数据资源壁垒、强化基础设施统筹，打造一批大数据先进产品，培育一批大数据骨干企业，建设一批大数据众创空间，培养一批大数据产业人才，有效推动相关制度创新和技术创新，发掘数据资源价值，提升政府治理能力，推动经济转型升级
第二批国家级大数据综合试验区	2016.10.8	国家发展改革委 工业和信息化部 中央网信办	跨区域类综合试验区	京津冀	围绕落实国家区域发展战略，更加注重数据要素流通，以数据流引领技术流、物质流、资金流、人才流，支撑跨区域公共服务、社会治理、和产业转移，促进区域一体化发展
				珠江三角洲	
			区域示范类综合试验区	上海市	积极引领东部、中部、西部、东北"四大板块"发展，更加注重数据资源统筹，加强大数据产业集聚，发挥辐射带动作用，促进区域协同发展，实现经济提质增效
				河南省	
				重庆市	
				沈阳市	
			大数据基础设施统筹发展类综合试验区	内蒙古自治区	在充分发挥区域能源、气候、地质等条件基础上，加大资源整合力度，强化绿色集约发展，加强与东、中部的产业、人才、应用优势地区合作，实现跨越发展

» 贵州省

2015年6月17日，习近平总书记在考察贵阳大数据应用展示中心后表示："贵州发展大数据确实有道理。"2015年8月31日，国务院印发的《促进大数据发展行动纲要》中明确提出"开展区域试点，推进贵州等大数据综合试验区建设，促进区域性大数据基础设施的整合和数据资源的汇聚应用"。贵州成为《促进大数据发展行动纲要》中唯一明确提到的省份，这意味着贵州发展大数据产业的一些探索与实践得到了国家层面的认可。

贵州作为全国首个大数据综合建设试验区，将围绕数据资源管理与共享开放、数据中心整合、数据资源应用、数据要素流通、大数据产业集聚、大数据国际合作、大数据制度创新七大主要任务开展系统性试验，通过不断总结可借鉴、可复制、可推广的实践经验，最终形成试验区的辐射带动和示范引领效应。

贵州全面布局大数据产业，通过制定产业发展规划及政策法规，建设基础设施与平台，开放政府数据等，明确目标，逐步构建大数据产业发展理念、思路，探索发展路径，加快脚步建成"中国数谷"。

» 京津冀

京津冀地区是大数据资源比较集中的区域，据北京大数据研究院、中关村大数据产业联盟等5家单位共同编制发布的《京津冀大数据产业地图（2016）》显示，目前京津冀大数据产业企业总数已达近千家。

2016年10月8日，京津冀大数据综合试验区获批，三地宣布将联合打造国内首个跨区域型大数据综合试验区。

2016年12月22日，京津冀大数据综合试验区建设正式启动，京津冀三地共同发布《京津冀大数据综合试验区建设方案》。

根据《京津冀大数据综合试验区建设方案》，京津冀大数据综合试验区建设的主要目标是：到2017年底，数据开放、产业对接框架基本形成，数据开放共享机制体制初步建立，环保、交通、旅游等重点领域试点示范率先启动；到2018年底，大数据成为提升政府治理能力、推动产业升级的重要手段，三地初步形成集群特色鲜明、协同效应显著、资源配置优化的发展格局；到2020年底，大数据红利充分释放，成为提升政府治理能力的重要支撑和经济社会发展的重要驱动力量。

京津冀大数据综合试验区建设的主要任务有8项。一是打造协同发展功能格局。即打造7个大数据应用示范区：北京大数据核心示范区、天津大数据综合示范区、张家口大数据新能源示范区、廊坊物流金融遥感大数据示范区、承德旅游大数据示范区、秦皇岛健康大数据示范区、石家庄大数据应用示范区；二是加强数据资源管理；三是开放公共数据共享试验探索；四是数据中心整合利用试验探索；五是大数据创新应用试验探索；六是大数据产业聚集试验探索；七是大数据交易流通试验探索；八是大数据国际交流合作试验探索。

» 珠三角

广东省是发展大数据产业的先行省份之一。2016年4月22日，广东省人民政府办公厅印发的《广东省促进大数据发展行动计划（2016—2020年）》提出，用5年左右时间，打造全国数据应用先导区和大数据创业创新集聚区，抢占数据产业发展高地，建成具有国际竞争力的国家大数据综合试验区。

珠江三角洲国家大数据综合试验区作为全国首批确定的跨区域类综合试验区之一，于2016年10月26日正式启动建设。

根据《创建珠江三角洲国家大数据综合试验区实施方案》，到2020年，珠江三角洲地区将被打造成为全国大数据综合应用引领区、大数据创业创新生态区、大数据产业发展集聚区，抢占数据产业发展高地，建成具有国际竞争力的国家大数据综合试验区。

珠江三角洲国家大数据综合试验区先行先试的重点主

要在公共数据开放共享以及大数据制度创新、创新应用、产业聚集、要素流通等领域。结合广东实际，珠三角国家大数据综合试验区将重点承担6项任务：一是加快推进政府数据整合共享开放；二是深化政务大数据应用；三是推进民生大数据应用；四是发展工业大数据；五是开展大数据创业创新；六是推进大数据产业集聚发展。

珠江三角洲国家大数据综合试验区的实施范围为5.6万平方千米，涵盖珠三角九个城市，在功能上形成"一区两核三带"的总体布局。"一区"即珠三角国家大数据综合试验区；"两核"是指以广州、深圳为核心区；"三带"是指重点打造佛山、珠海、中山、肇庆、江门等珠江西岸大数据产业带，惠州、东莞等珠江东岸大数据产业带，并辐射全省，打造汕头、汕尾、阳江、湛江等沿海大数据产业带，进而带动泛珠三角各行政区以及在"一带一路"倡议中的大数据领域开展深度战略合作。

» 上海市

作为首批确定的4个区域示范类综合试验区之一，上海大数据发展启动较早，其具有信息化技术发展良好、数据资源丰富和相关产业集聚等优势。

2016年9月15日，上海市人民政府印发《上海市大数据发展实施意见》，其中提到，要"建设国家级大数据综合试验区，推动上海大数据联盟发展，深化长三角交流合作，共建区域大数据产业发展生态"。目标是发挥大数据相关自律组织和功能性机构作用，加强服务创新和行业自律，促进行业健康发展。

上海将围绕自贸区建设和科创中心建设两大战略，在四大方面推动大数据发展，包括推动公共治理大数据的应用、推动大数据的科技创新和基础性治理的工作和研究、推动大数据与公共服务基层社会治理相结合。

» 河南省

为推进国家大数据综合试验区建设，河南省发改委于2017年2月17日印发了《河南省大数据产业发展引导目录（2017年试行）》，涵盖大数据核心产业、大数据衍生业态、大数据关联产业、大数据产业基础支撑4个领域。

2016年11月10日，河南省通信管理局副局长方强在"云计算大数据创新实践论坛"上表示：河南省将以获批建设国家大数据综合试验区为契机，重点在管理机制创新、数据汇聚共享、重点领域应用、产业集聚发展4个方面先行先试，力争通过3年建设，基本建成以国家交通物流大数据创新应用示范区、国家农业粮食大数据创新应用先行区、国家中部数据汇聚交互基地、全国重要的大数据创新创业基地（两区两基地）为支撑的河南省国家大数据综合试验区；构建以郑州为核心，省辖市为重要节点，省、市、县三级协同的多层级、多节点、多主体协同支撑的大数据发展格局。

2017年3月1日，河南省省长陈润儿主持召开省政府常务会议，讨论加快推进国家大数据综合试验区建设工作。会议原则通过了《河南省推进国家大数据综合试验区建设实施方案》《关于加快推进国家大数据综合试验区建设的若干意见》。会议指出，试验区既是国家实施大数据战略的重要载体，也是河南发掘信息资源、改善公共服务、提高治理能力、带动经济发展的重大战略平台，要努力将试验区打造成为全国一流的大数据产业中心、数据应用先导区、创新创业集聚区。

会议强调了河南在加快推进国家大数据综合试验区建设的工作中要突出重点。一是突出数据资源整合，通过建设彻底改变信息孤岛现状，推动信息汇聚、共享开放；二是突出数据管理创新，围绕数据的采集和发送、提供和应用、购买和服务等探索体制机制、管理方式的制度创新；三是突出数据开发应用，立足河南实际，以交通物流、农业粮食为突破口，在政务、益民服务等领域开展大数据创新应用试点示范，推进大数据与各行业深度融合；四是突出产业发展，布局建设一批大数据产业园区，加快发展大数据核心产业、关联产业、衍生业态，推动大数据产业集聚发展。

» 重庆市

2013年7月30日，重庆市人民政府在其印发的《重庆市大数据行动计划》中提出，到2017年，重庆要形成民生服务、城市管理和经济建设融合发展的新模式，构建起云端智能信息化大都市，成为具有国际影响力的大数据枢纽及产业基地。

根据计划，到2017年，重庆将打造2—3个大数据产业示范园区，培育10家核心龙头企业、500家大数据应用和服务企业，引进和培养1000名大数据产业高端人才，形成500亿元大数据产业规模，建成国内重要的大数据产业基地。

2016年10月8日，重庆市获批建设国家大数据综合试验区。接着，重庆市制定《重庆市建设国家大数据综合试验区实施方案》，积极推进相关工作。

重庆建设国家大数据综合试验区的路线是以全市社会公共信息资源整合与应用重点专项改革为核心，统筹推进重庆信息惠民国家试点城市、新型智慧城市建设；加快部门信息资源整合共享，实现市级部门数据在线交换共享，提升政府治理能力和便民服务质量；出台全市社会公共信息资源目录及管理办法，规范信息资源共享交换与整合应用；加强大数据产业集聚发展，推动技术、人才、数据、资本等资源集聚，形成区域性大数据产业发展制度体系和经验。

» 沈阳市

2016年10月8日，国家发展改革委、工业和信息化部、中央网信办发函批复，同意在京津冀等7个区域推进国家大数据综合试验区建设。其中，沈阳市成为东北地区唯一、副省级城市唯一的国家大数据综合试验区。

2016年2月4日，沈阳市人民政府办公厅印发了《沈阳市促进大数据发展三年行动计划（2016—2018年）》，提出到2018年底，将沈阳市打造成为国家级大数据产业创新发展试验区、东北地区大数据集聚区，形成立足沈阳、辐射辽宁、带动东北的市场布局，营造出全社会共享、开放、创新的大数据发展氛围；打造东北大数据中心和两个大数据产业示范园区，培育3家核心龙头企业和100家大数据应用和服务企业，引进和培养600名大数据产业高端人才。

2016年6月1日，沈阳市成立大数据管理局，主要负责智慧沈阳的规划和实施，协调政务信息资源共享，打破政府机构现存的数据共享壁垒。沈阳市大数据管理局下设大数据产业处、标准与应用处和数据资源处。

沈阳市获批建设国家级大数据综合试验区之后，将按要求立即启动建设工作。进一步完善"以大数据发展为主体、以传统产业转型升级和智慧城市建设为两翼的'一体两翼'大数据创新发展思路"，推进大数据整合与开放、公共服务大数据、社会治理大数据、工业大数据、大数据产业等应用和发展；制定和完善支持大数据发展的若干政策，推动相关制度创新、管理创新、服务创新和协同创新；发挥沈阳作为东北唯一大数据试验区的优势，带动沈阳经济区、辐射全东北，推动大数据产业区域协同发展，真正把沈阳打造成为辐射带动效应强、示范引领作用明显的国家大数据示范基地。

» 内蒙古自治区

2016年年初，内蒙古自治区正式向国家申报列入国家大数据综合试验区。2016年10月8日，内蒙古正式成为国家大数据综合试验区——也是目前全国唯一的大数据基础设施统筹发展类综合试验区。根据要求，内蒙古大数据综合试验区将完成两项任务：一是加大资源整合力度，强化绿色集约发展，向国内外提供数据存储服务，发挥数据中心的辐射作用；二是加强与东部及中部的产业、人才、应用优势地区合作，通过发展大数据，实现自身跨越发展。

为推进内蒙古国家大数据综合试验区建设，促进大数据基础设施和应用产业的全面发展，2016年11月4日，内蒙古自治区政府出台《内蒙古国家大数据综合试验区建设实施方案》（以下简称《实施方案》）和《内蒙古自治区促进大数据发展应用的若干政策》。

《实施方案》对加强大数据研发应用及通过发展大数

据促进政府治理能力提升、促进大数据与产业融合发展方面的工作给予了更多的设计和安排。

根据《实施方案》，内蒙古将加快建设国家大数据综合试验区，以创新为发展大数据的第一动力，坚持以设施为基础、以安全为前提、以资源为根本、以应用为核心，重点打造基础设施、数据资源、产业发展、服务应用、制度保障、人力资源六大支柱，着力实施大数据政务、大数据基础设施、大数据社会治理、大数据公共服务、大数据农牧业、大数据精准扶贫、大数据金融、大数据人才培养、大数据监管九大重点工程。力争经过3—5年的努力，把内蒙古建设成为中国北方数据中心、丝绸之路数据港、资源整合先行区、数据政府先试区、产业融合发展引导区、多民族共享发展示范区。

全国大数据产业加速落地发展

2014年，全国两会《政府工作报告》首次提到大数据——要设立新兴产业创业创新平台，在大数据等方面赶超先进，引领未来产业发展。2015年3月5日，第十二届全国人民代表大会第三次会议在人民大会堂开幕，国务院总理李克强向大会作了《2015年国务院政府工作报告》，其中明确提到大数据建设行动计划。2016年3月5日，在第十二届全国人民代表大会第四次会议上，李克强总理向大会作了《2016年国务院政府工作报告》，强调促进大数据、云计算、物联网的广泛应用。2017年3月5日，在第十二届全国人民代表大会第五次会议上，李克强总理作了《2017年国务院政府工作报告》，明确提出要加快大数据、云计算、物联网应用，以新技术新业态新模式，推动传统产业生产、管理和营销模式变革。

2016年2月，首个国家大数据综合试验区在贵州设立；2016年10月，第二批7个国家大数据综合试验区获批。截至2017年，已获批的8个国家级大数据综合试验区建设工作正在推进中。除此之外，纵观全国，多地也相继出台发展大数据产业的规划措施，大数据相关建设工作也开展得如火如荼。

» 相关政策推动大数据产业发展

2014—2016这3年是我国实施大数据战略的起步期。"十三五"规划纲要专列一章部署国家大数据战略，《促进大数据发展行动纲要》《促进大数据发展三年工作方案（2016—2018）》《大数据产业发展规划（2016—2020年）》等一系列国家政策密集发布（如表2所示）。

表2　部分大数据相关政策文件

名　　称	印发部门	时　间
关于运用大数据加强对市场主体服务和监管的若干意见	国务院办公厅	2015年6月24日
促进大数据发展行动纲要	国务院	2015年8月31日
关于组织实施促进大数据发展重大工程的通知	国家发展改革委办公厅	2016年1月7日
生态环境大数据建设总体方案	环境保护部办公厅	2016年3月7日
促进大数据发展三年工作方案（2016—2018）	国家发展改革委办公厅等	2016年4月13日
关于促进和规范健康医疗大数据应用发展的指导意见	国务院办公厅	2016年6月21日
关于促进国土资源大数据应用发展的实施意见	国土资源部	2016年7月4日
关于请组织申报大数据领域创新能力建设专项的通知	国家发展改革委办公厅	2016年8月26日
关于推进交通运输行业数据资源开放共享的实施意见	交通运输部办公厅	2016年8月25日
政务信息资源共享管理暂行办法	国务院	2016年9月5日
农业农村大数据试点方案	农业部办公厅	2016年10月14日
大数据产业发展规划（2016—2020年）	工业和信息化部	2016年12月18日

　　工业和信息化部原党组成员、办公厅主任莫玮曾在"2016中国国际大数据大会"上透露，全国已有三十多个省市专门出台了大数据相关的政策文件，十余个地方专门设置了大数据的管理部门以统筹推进大数据发展，呈现出京津冀、长三角、珠三角、中西部、东北部等全面开花的格局。

» 建立政府数据开放平台与大数据交易平台

在我国推进大数据产业发展的过程中，"数据孤岛"成了绕不开的课题，制约着大数据流通和变现，而大量的数据资源集中滞于政府、行业、企业中。

政府掌握了海量关键性数据。2016年9月5日，国务院印发《政务信息资源共享管理暂行办法》，要求各部门业务信息系统应尽快与国家数据共享交换平台对接，原则上通过统一的共享平台实施信息共享。

数据流通与交易可以推动大数据深度应用发展。目前，全国已有十余个省市建立政府数据开放平台（表3中所示）。另外，全国一些地区也成立了大数据交易平台（表4中所示）。部分大数据交易平台已开始运营。

2017年全国两会期间，浪潮集团董事长孙丕恕指出："目前，尽管北京、上海、贵州、宁夏、广州、青岛等十余个省、市建设了专门的政府数据开放网站，但整体来看政府数据的共享、开放程度还远远不够，数据开放不持续、不实时，难以满足社会应用深层次的需求。"孙丕恕认为，我国目前普遍存在数据交换和交易标准体系缺乏、数据权属不明、交易规则不明确、应用需求牵引不足以及数据交易所和交易企业规模小、要素分散、跨区域数据流通不够等问题。

由国家信息中心、南海大数据应用研究院组织撰写的《2017中国大数据发展报告》显示，中国的大数据应用目前处在比较初级的阶段。北、上、广的大数据发展总指数位居前三，江苏、浙江、山东、贵州、重庆、福建及四川分列四至十名。

表3 全国部分省市建立的政府数据开放网站

序号	省市	名称	上线时间
1	北京市	北京市政务数据资源网	2013年底
2	上海市	上海市政府数据服务网	2014年6月
3	浙江省	浙江政务服务网	2014年6月25日
4	无锡市	无锡市政府数据服务网	2014年7月28日
5	武汉市	武汉市政府公开数据网	2015年4月29日
6	青岛市	青岛市政府数据开放网	2015年9月23日
8	贵州省	贵州省政府数据开放平台	2016年9月30日
9	广州市	广州市政府数据统一开放平台	2016年10月20日
10	广东省	开放广东	2016年10月26日
11	深圳市	深圳市政府数据开放平台	2016年11月21日
12	哈尔滨市	哈尔滨市政府数据开放平台	2016年12月27日
13	贵阳市	贵阳市政府数据开放平台	2017年1月18日

目前，全国各地积极统筹布局大数据基础设施，创造良好的产业发展环境。医疗、交通、政府、金融、教育、

体育、气象、农业、零售等行业领域也极力寻求与大数据融合发展，期待大数据的发展成果早日得到全面展现。

表4　全国已成立的部分大数据交易平台

序号	名　称	上线运营时间	备注
1	中关村数海大数据交易平台	2014年2月20日	
2	北京大数据交易服务平台	2014年12月10日	
3	贵阳大数据交易所	2015年4月14日	
3	武汉东湖大数据交易中心	2015年7月22日	
4	长江大数据交易中心	2015年7月22日	
5	河北大数据交易中心	2015年12月3日	
6	华东江苏大数据交易平台	2015年12月16日	根据上线运营时间进行排序
7	哈尔滨数据交易中心	2016年1月	
8	上海数据交易中心	2016年4月1日	
9	淮南数海大数据交易平台	2016年4月	
10	钱塘大数据交易中心	2016年5月31日	
11	华中大数据交易平台	2016年7月12日	
12	浙江大数据交易中心	2016年9月26日	

第八章

物联网与工业互联网4.0时代的开启

　　人类社会的每次进步都是由新技术引发的新一轮产业革命推动的。新时代已经向我们走来，物联网与工业互联网4.0也不再是理论上的研讨，而已开始实实在在影响我们的生活，带来了一场你追我赶的技术革命。

　　本章分享了富士康、奇虎360、红领、阿里巴巴、三一重工、腾讯、慧与等巨头企业在这场技术革命里的经验。"工业互联网的目标就是让隐性的数据浮现出来，产生价值，这里大概包括3个层面：采集、传输和计算"，"用最低的成本，最高效率生产"，"数据的流动和数据的驱动实际上是工业互联网智能化变革的核心"等一系列工业互联网的探讨仍在继续，我们可以看到，物联网与工业互联网4.0时代已经开启。

工业互联网

根据互联网的应用，我们一般把工业互联网总结为：智能化生产，主要面向工厂内部智能化的经营和效率提升；个性化定制，针对消费领域家居、服装等个性化需求非常强烈；网络化协同，基于云的模式，实现资源跨企业的调用，比如大型设备、机床排产空余时间的调用；服务化延伸，根据产品提供综合服务。

中国信息通信研究院技术与标准研究所副总工程师、工业互联网产业联盟总体组主席李海花在题为《工业互联网总体发展趋势》的演讲（2016数博会）中提出，工业互联网涵盖以下几个方面：其一，互联网信息技术与制造业的融合；其二，能产生很多的创新，推动产业的发展；其三，包含产业生态和应用生态；其四，对信息基础设施的推动和发展非常关键，能推动全球化的协同，包括跨企业、跨地域协同。

工业互联网需要网络、数据和安全这3个要素的支撑。网络包含网络互联、标识解析和应用支撑；数据包括采集、处理、分析；安全，则是各种应用支撑的保障。

奇虎360副总裁谭晓生认为，理解工业互联网要看其本质。从商业角度看有一些本质是不变的，比如怎么样用最低的成本最高效率地生产。就像一位汽车生产商，当其工厂的自动化生产线替代了人从而生产成本降低后，同类型产品便可以在市场上以更低的价格卖给客户。生产力过剩的时候，个性化制造才有可能承担成本，做到智能化生产。

目前，国际上重视工业互联网的研究和推进工作，一些大型企业开始在终端、云、平台方面，有产品、解决方案和公司组织模式类的变革。除了对终端层面的改造之外，核心都是在云平台。在国内，工业还需要产业整合力。为了推动中国的产业研究和协同发展，近年来，工信部非常重视智能制造和工业互联网的发展，通过启动试点来示范智能制造项目。

企业转型

春风送暖柳先知，这场革命的转型是从一些细枝末节上开始体现的。比如，腾讯微信红包开始在用户手机上出现，并在2015年春晚上以摇一摇方式大获成功；2016年媒体报道了富士康裁减工厂内的部分工人，换成了机器作业；借助智能手环，某保险公司推出了每天跑5000步送10万健康险的优惠，背后却是健康大数据的收集、应用和增值服务……富士康、红领、三一重工等企业在新时代前沿纷纷开始转型。

"传统的粗放式经营方式不可持续，新兴技术的滚滚洪流预示着新的变革"。中国惠普有限公司企业服务集团、全球解决方案部门中国区总经理蔡震宇直言转型成为当下企业应对新时代来临时的不二选择，并在2016年数博会上直接以"工业互联网引领企业转型"为题进行了阐述，认为中国制造业经过三十多年的发展，具备一些显著特征：产业升级压力、劳动力成本上升、能耗排放压力加大。为了应对挑战，同时抓住发展机会，需要发展先进制造技术、实现产业升级。当中要关注几个核心竞争力：一是制造业需要提升资源利用效率，降低生产成本，在产品设计环节引入模块化设计，生产环节需要提高精密生产；二是缩短订单交付的周期，产品升级意味着企业需要更多的创新，企业需要通过新技术提高运行效率，快速满足客户的要求；三是提高生产过程的柔性，满足客户个性化需求与大规模制造其实存在矛盾，解决这一矛盾需要提升生产过程中的柔性化。

作为制造业的巨头，富士康科技集团转型方向为"六流"公司。富士康科技集团创办人、总裁郭台铭给"六流"的定义为大数据产业内的"三虚"：信息流、技术流与资金流；"三实"：人员流、物料流、过程流。他认为富士康的转型是将"六流"贯穿整个大数据的应用，积累大数据，并将之转化为有用的小数据，帮助富士康创新与分析决策。透过这些有用的小数据，让富士康可以迈向万物联网的智能社会，进而实现"互联网+"的八大生活：工作生活、教育生活、娱乐生活、家庭生活、安全生活、采购生活、交易生活、交通环保生活。

红领集团是一家服装制造企业，2003年开始以"两化"深度融合，花了13年的时间，以3000人工厂作为实验室，在美国纽约设了实验基地，利用大数据打造生态企业，把劳动密集型的企业变成品牌，并致力于打造商业模式的升级版——C2M，即由消费者提出需求，由智能工厂直接满足消费者。这种模式不仅使消费成为私人定制，还可以让人人都参与设计，成为设计师。

互联网越来越普及的今天，以网络为纽带，云端一体化将是触手可及的事，而且这个端的形态不再局限于手机、电脑、家用电器，它将越来越不固定，并会随着产品的多样化而变化，随着用户体验的多样性而个性化。企业家们正是有这样的思路，企业转型的步子才越来越大。随着云计算、大数据技术的不断成熟，他们开始意识到，以"智能制造"为核心的工业4.0将成为推动传统制造企业发展的重要生产力，而物联网正是实现"智能制造"的核心所在。

三一重工也许是中国最早意识到物联网将在工程机械行业发挥重要作用的工程机械制造商。他们在工程机械行业应用了GPS（全球定位系统），通过数据采集实现对全球设备的识别、定位、跟踪、监控、诊断处理和企业生产管理。在此基础之上，三一重工先后研发了"M2M远程数据采集与监控平台"以及"ECC客户服务平台"，并建成了工程机械物联网企业控制中心。此后，三一重工投资10亿元组建了技术公司——树根互联，打造了中国工业互联网赋能平台——根云，帮助各工业细分行业更好地进行创新和转型。借助根云平台，三一重工将产品从研发到生产整个流程全部接入到互联网，再通过对设备的各种数据的采集和分析，进而实现工程概况、远程控制、故障诊断、定位跟踪、报警统计等可视化管控。

可以看出，对于传统制造企业而言，想要布局物联网从而实现"智能制造"，关键问题在于如何处理和展现设备接入互联网后所产生的海量数据，这其中涉及两个问题。

首先是工业数据的采集和分析。例如三一重工，经过多年的技术积累，已经建立了众多业务管理和监控系统。而接下来的问题在于，如何打破这些信息系统之间的数据孤岛从而整合数据资源并进行统一的分析处理。其次，基于对设备运行情况、故障信息、质量检测等相关数据的采集和分析后，如何针对整个生产链条进行统一的可视化管控，真正实现"智能制造"。

网络、数据、云

作为这场技术革命的核心基础，网络、数据、云已成为不少企业转型前先要备的课。

2008年尚无物联网概念，三一重工集团基于运营优化的需要，开始尝试用设备联网采集数据，构建一个平台。

三一重工集团原高级副总裁贺东东在题为《物联即服务，数据即价值》的演讲（2016年7月6日第十二届中国CIO高峰论坛）中这样描述平台起步的过程："当时整个技术不太支撑构建这个平台体系，于是三一做了几件比较扎实的事情，第一，从底层做工业控制系统。工业物联网前提是终端设计要智能化，否则不能够收集数据，不能够跟云

端做通信，反过来云端不能控制设备，不能做程序的刷新和远程控制。三一不仅自己做控制器，而且还做LM组态软件，用模块化的方式构建起一套控制策略。第二，三一自己搭建了智能管理的平台。在这个平台上，三一把机器、售后服务的流程以及工艺等整合起来，使它成了智能服务后市场所有相关数据集成且具有完整全生命周期智能服务的平台。"

三一重工所投资组建的树根互联采用了DataHunter数据可视化大屏来完善其工业物联网解决方案。结合根云的物联网平台能力，DataHunter为其打造了4块涵盖产品全生命周期管理的数据大屏（包括智能工厂大屏、全球服务大屏、工程机械指数大屏、大数据研发大屏），展现出融合工业数字技术、普适中国制造需求、实现广泛行业赋能、共享全球服务能力、引领工业模式创新的五大核心能力。这意味着，"根云平台+DataHunter"数据可视化大屏，可以帮助传统制造业完成从制造、生产到服务所有环节的数字化转型。

智能工厂大屏清晰描绘出三一重工的"智能制造"生产线。实时追踪物料配送情况、泵车生产参数、质量信息以及厂房的完成情况，以达到提高工作效率、精细加工、保证安全生产等目的。"泵车装配生产线"是这块大屏的核心展示部分。通过对物料补给、产品打磨、精细加工等相关自动化生产环节的实时跟踪，完美诠释了三一重工这间最"聪明"的厂房——18号厂房。此外，在物料补给方面，自动配料车更是整条生产线的最大亮点。基于智能协调系统，自动配料车可以根据每个工位的缺料情况进行自动配料。同时根据供应商、物料、钢印等相关数据，可以实时对配送物料进行质量追踪。

全球服务大屏实时展现企业全球业务的运营情况。基于精确测绘的地理信息，企业通过这块数据大屏可以实时把控各地设备运行状态，针对故障情况做出及时有效的处理和预警；对于租赁业务而言，通过对故障设备的提前预警和维护，大大减少了客户损失。例如，针对大屏中出现的故障设备，企业人员只需进行点击操作，即可查看到设备编号、故障代码、故障描述、报警时间等信息，从而快速定位故障部件；另外，通过查看"周边服务资源分布"，可以方便快速地了解维修车辆的相关信息，包括使用状态、距离、抵达线路等。

工程机械指数大屏实时展现全国及各省市的设备（包括挖掘机、混凝土机械、汽车起重机、摊铺机、港口设备）指数排行及在线情况。该指数能显示出设备的施工时长和开工率等数据，根据开工率数据可以预测下个月固定资产投资增量，在一定程度上可以反映中国宏观经济走势。另外，根据各省的数据情况，可以预测出各省固定资产投资走向，实时分析出区域市场发生的变化。

大数据研发大屏通过对设备臂架的实时监测，准确了解该设备的实时应力情况、超载使用情况以及针对该设备出现的问题提出研发改进建议，不仅大大降低研发成本，更重要的是保证企业的安全生产。臂架的应力情况和吊钩的超载使用情况对于起重机来说是两项极为重要的安全参数。相关统计显示，每年国内外都会因起重设备在作业中出现故障而造成大量的人员伤亡事故和经济损失。一方面，如果吊钩已达到报废标准而仍然继续使用或超载使用，那么很容易造成断裂破坏；另一方面，如果起重机臂架长时间处于满应力工作状态，只要超载一点就容易产生结构故障。通过大数据研发大屏，企业相关人员可以随时了解起重机相关部件的运行参数，比如臂架的实时应力情况、超载使用情况等，保证设备安全有效地运行。

红领集团打造的"酷特智能"也是整合大数据和云计算的产物。他们通过百万万亿级的大数据，利用虚拟和仿真的技术，把所有繁复传统的制造过程在虚拟空间运算得出结论之后再同化到物理空间来实施，所以它改变了过去制造业的制造方式，用数据替代了模具。所有的信息、指令、语言都归结为0和1，最终用一组两体的数据来驱动整个生产制造的全过程。因为突破了数据山和数据岛的限制，所有的子系统都互联互通。在数据传递的过程当中，无须人工转换，也不需要纸质去传递，实现了高效率和低错误率。依赖大数据和云计算，他们解决整个繁复的过程。比如很多流水线上的员工，或者是配套的供应商、服务商，他们不懂计算机、不懂计算机语言，怎么办？员工坐在流水线的工作节点上，只要一刷卡，看到的不再是0和1，而是能识别的技术指令和每一项细节上的工艺要求，只要按照这个要求去完成制造就可以了（参见红领集团总裁张蕴蓝：《红领·魔幻工厂C2M商业生态》）。

网络是构建信息流的"高速公路"，连接各种端，输送各种数据，成为企业迈进工业互联网时代的前沿阵地。

阿里巴巴网络技术有限公司副总裁刘松认为，整个云端一体化的思维方式里面，数据是工业互联网的核心资源。在数据方面阿里做了很多的实践，这些都基于阿里数据形成大的闭环，包括智能交通、互联网、安防、语音识别。这是大的数据平台，这个平台如果进入整个工业领域，可能成为领域的基础。他进而表示，阿里的总体风格还是做一横，不会垂直做一竖，是用快速数据处理软件能力服务垂直行业，不会产生任何的交叉或者是重叠，包括已经有的一些行业，如医疗、能源、智慧家居跟垂直的工业领域。"云+端+数据"，是阿里把产品的体验拟人化、智能化，把整个制造领域产品服务化的很重要的基本要素。

"数据只有整合、拉通才能产生价值。"新华三集团副总裁孙德和在题为《新IT助力工业互联网转型》的演讲（2016数博会"数博会工业物联网创新与发展论坛"）中如是说。在华三基地里面，物联网的终端跟应用层之间增加了数据管理平台——实际上就是一个大数据平台，把所有的数据通过物联网传感器终端汇入大数据，对这些管理和数据进行分类和分析，将来所有的新应用上线之后基于对数据管理平台做应用开发就可以了。新应用上线的开发速度经评估基本上可以超过原速度的30%。

腾讯云计算（北京）有限责任公司副总裁曾佳欣说，数据会成为未来发展的一个重要纽带，作为数据最基础的建设或设施，"云"就是承载数据的基石。

腾讯云现在也在将各种各样的能力开放给合作伙伴们，比如说在安全、人脸识别、语音识别、大数据分析等领域都会有针对性的解决方案。腾讯云还将支持视频、金融、医疗、政务等未来需要升级的领域，做AR（虚拟现实技术）、VR（增强现实技术）这样会产生广泛运用的云计算。

对于网络、数据、云如何推进工业互联网前进，以产生更大的价值，三一重工集团原高级副总裁贺东东在《物联即服务，数据即价值》一文中直言，能够连接各种设备，能够做数据的采集和存储，能够针对数据做很多基于工业的应用分析，沉淀起来以后可以形成一个服务的集市。任何一家企业积累都不足够形成产生化学反应或者几何级的增值，从而影响行业根本性的改变。只有行业的全体参与者，包括设备制造商、服务者、行业专家、基础云服务商等所有的"玩家"全部集合一起，才能形成面向全领域开放且带来巨大价值的云的服务。

立足工业互联网，不仅要做看得见摸得着的设备，比如设备制造商、运营商、服务商等，还要做专精大数据的分析，把大数据挖掘集合在一起，形成工业里面的大数据应用，构建一个云的生态。

工业控制网络安全

2015年总共发生259起工业控制网络方面的安全问题，但业内人士分析，这个数字仅仅是冰山一角，仍有更多的安全问题未能引起我们对工业互联网安全的重视。并且，当中不乏已经受到攻击还未显现的可能。

互联使得制造端和管理端无缝对接。"智能化"因讲究整合，无论是软硬件的虚实整合或机台与机台之间的相互串联，都已成为新世代自动化系统的必要设计。如何在布建网络的同时兼顾信息安全问题，已成系统业者与厂方的重要课题。

奇虎360副总裁谭晓生在2016数博会"工业互联网创新与发展论坛"上发表《工业互联网安全实践》主题演讲，

认为从工业互联网来看，安全上有两个视角、3个要素。两个视角即工业视角、互联网视角。从互联网视角来看，过去互联网上出现网络安全的威胁意味着哪怕你在空中，它都存在。单纯从工业视角来看，安全受重视程度不够。过去讲安全是物理上的安全和人身的安全，工业制造也有信息安全问题，只是过去因为没有产生太多这方面实际的威胁，所以大家没有看重它。现在这个时代，它和互联网两个结合到一块的时候，其可能产生的危害被放大了。它和IT、互联网结合以后，互联网可以更容易发动攻击。如何做防护？特别是工业互联网的安全，谭晓生认为首先要设纵深防御，需要"看见"的能力，通过纵深防御的防线、数据的反馈，受到攻击者才有机会知道网络里发生了什么以及攻击者进攻的过程、路径；第二要主动找漏洞；第三是关注数据安全和云的安全体系。云的关键体系有3点，即云的建设方、使用方和管理方要做到"三权分立"；要对云里面不可见的数据流有审计的能力，能够做安全审计。

传统一般企业在信息安全上仍多依赖防病毒软件的保护，而具有庞大信息量的现场端安全漏洞的挑战不断加剧。工厂现场端以虚拟专用网络方式或最小授权方式隔离会对安全有基础保障，但只要应用端未实现实体隔离，仍有可能产生漏洞。

如何确保系统的安全？一些业内人士认为标准规范仍

是最必要的项目。在工控系统中所强调的标准，多是涉及系统稳定的实际安全需求，但对于信息安全部分仍较少。随着实际应用环境的逐渐多元化，信息安全政策的研究与制定及系统安全的标准会是后续发展的重点项目。

在2017年北京召开的首届中国企业改革发展论坛上，360企业安全集团董事长齐向东在做主旨演讲时表示，安全将是工业互联网面临的核心挑战，如果不能很好地解决这个问题，后果是灾难性的。他提出了6项措施：一是提高安全意识，让安全成为工业互联网的顶层设计；二是建立全天候工业互联网安全态势感知能力；三是改变割裂对待内网、外网安全的状况，建立一体化安全防御体系；四是要建立工业互联网安全运营与分析中心，利用大数据方法来解决问题；五是遭受攻击概率大的工业互联网企业都涉及关键基础设施，需要重点防御；六是协同防御，通过数据协同、智能协同和产业协同建立安全生态和立体防御联动体系。

第九章

人工智能

互联网的下一个风口——人工智能

2016年于人工智能而言意义重大，甚至被看作"人工智能元年"，人工智能在这一年里迎来了它的第三个发展期，并且其发展势不可当。这个变化首先起始于2016年3月初，一款被命名为"AlphaGo"的围棋人工智能程序，其在素有"人类智慧的最后堡垒"之称的围棋界击败了世界冠军李世石，这大概是2016年科学界最重磅的新闻之一！它直接把人工智能这个专业性的、躲在研究室的一个工作，变成了街头巷尾讨论的话题，促使各国政府也参与到积极探讨之中。

人们开始认识到，原来人工智能已经发展到这种程度了，但这只是人工智能复苏的开始。紧接着在2016年下半年，AlphaGo的升级版以"Master"为注册名，在网上快棋中连胜一流职业高手60局，一时间竟无人能挫其锋芒。在2016年召开的第三届互联网大会上，包括马云、李彦宏在内的互联网"大咖"都有意无意地提到会将人工智能视为未来发展的重点之一。百度CEO李彦宏直言："互联网的下一个风口即是人工智能。"当然，也有人对此持有不同意见。这些意见总结起来大致可以如此描述：目前人工智能在算法上并未取得关键性突破，断言人工智能是互联网的下一个风口还为时过早。然而，不管怎样，"人工智能"在2016年成为全世界最热门的科技词汇，没人能够阻挡它从低潮走向复苏的趋势。

人工智能的前世今生

在久远的古代，人工智能就被大家所期待着。亚里士多德曾经说过："如果能发明一套设备，它能够帮人们做很多有价值的事情的话，那我们可以把奴隶和工人们解放出来。"这体现出当时的哲学家对人工智能的美好愿景。

公认的人工智能概念起源于1956年由麦卡锡召集举行的达特茅斯会议（另一说是起源于1955年在洛杉矶召开的美国西部计算机联合大会）。关于人工智能的内涵，从人工智能产生起直至今天，科学界仍然存在着广泛的争论，美国麻省理工学院温斯顿教授认为，人工智能就是研究如何使计算机去做过去只有人才能做的智能工作。这种观点完整地阐述了人工智能的研究内容和人工智能发展的目标，即通过研究赋予计算机人类的某些智能，使其完成在过去必须通过人的智力才能进行的工作，其中既涉及对人类智能活动的研究也涉及计算机科学研究。随着人工智能的发展，人工智能的内涵将会得到进一步的延伸和完善。从某种意义上讲，我们在某一时期对人工智能的定义在一定程度上也代表着这一阶段人工智能的发展水平。关于这一点，表现在人工智能六十多年发展的历程中及人工智能定义的变化中。

人工智能的发展之路走得并不平稳。在人工智能诞生的六十多年间，它先后两次跌入被称为"AIWinter"（人工智能之冬）的低谷时期。在人工智能起源初期，研究者过于乐观地估计了人工智能发展的速度和水平，设想"以计算机代替人类"，但实际上人工智能发展状况远逊于此，因此人工智能发展进入低潮期。20世纪70年代，"以计算机增强人类智慧"逐渐取代了"以计算机代替人类"的观点，人工智能在这段时期内取得了不小的成就。其中，以日本和美国的发展为最——尤其是美国，因为计算机在这一时期内广泛进入美国的普通人家庭。这一段时期被称为人工智能的第二春。随着时间的推移，20世纪80年代末，人工智能技术局限日益突出，受系统维护困难、弱点不断暴露以及经费不足等因素制约，人工智能遭遇了第二次寒冬，这一时期人工智能很少被人提及。20世纪90年代后期至今，互联网技术的发展为人工智能研究带来了机遇，机器学习成了人工智能的研究焦点。事实上，人工智能发展的前五十多年是默默无闻的，并没有太多的人去关注它，直到近年来"大数据"的兴起才为人工智能发展插上了"翅膀"。AlphaGo也是在这样的基础上被研发出来的。在大数据的驱动下，人工智能成为世界的热门话题。

大数据与人工智能

人工智能市场的潜能是相当巨大的，人工智能在社会、政府、科学以及商业领域已经有了很多应用，其重要的基础之一就是拥有大数据。数据的积累达到一定的程度，机器的优势会赶超人类，机器对数据的消化程度是人类无法比拟的，它更能发挥和提升数据的价值，帮助人类发现问题，并提供决策依据。医疗健康、法律、金融甚至是国防等领域，都可以借助人工智能对数据挖掘，然后做出智能的决策。

大数据和人工智能的关系可以用一句话来简单概括：大数据驱动人工智能的发展。人工智能使大数据价值得以彰显。事实上，近来人工智能的兴起背后的推动力量就是大数据。首先，因为有技术发展使得我们可以比较容易地收集到大量的数据，甚至是全数据。基于庞大的信息量，我们可以利用这些数据做一些过去只有人能够做的事情。其次，还有一个非常重要的原因就是丰富的计算资源，一方面计算能力越来越强大，另一方面计算的成本越来越低廉。计算能力是人工智能最核心之处。大约20年前，制造一个深蓝机器人用的是30个CPU（中央处理器）；而现在用的是2000个CPU。我们的计算能力还在提升，未来可能还可以利用量子计算方面的能力。随着计算能力的提升，处理学习和智能的能力也会得到很大提高。

人工智能是最能够利用大数据、最能体现大数据价值的一个领域。现在全球都在谈大数据，谈大数据的价值，当然现在大数据的潜力还没有完成全激发。但是在将来我们也许会发现，借助大数据发展起来的人工智能，其影响力不会亚于大数据，甚至会引起颠覆性的科技革命，会改变各种各样的行业、各种各样的领域。过去我们认为只有人能实现的事情，未来越来越多地可以凭借人工智能实现。如果说工业化是把人从体力劳动当中解放出来的话，那么人工智能很可能会把人从简单的脑力劳动当中解放出来这其中蕴含的发展潜力是无限大的。

人工智能的发展有六十多年的历史了，虽然今天我们再次迎来人工智能的发展浪潮、大家对人工智能的关注热情空前高涨、人工智能无论在研究上还是在应用上都有了极大的进步，但是客观地说，人工智能目前仍处于一个比较初级的阶段，尤其是在人工智能的应用上只是初步停留于游戏、电商、广告等领域中。就人工智能的发展目标而言这只是冰山一角，更大的进步空间还藏在水面之下。当然，这也从侧面反映出人工智能发展潜力的巨大。

眼下人工智能的应用最广泛的莫过于认知技术领域，这些技术包括最常见的机器学习、自然语言处理、语音识别技术、图像识别、机器人技术以及计算机视觉技术等。这一系列技术在复杂事物识别、分类及行为分析预测方面很有成效。其中，最具代表性的是在医疗健康领域、银行业、零售商和在科技公司中的应用。他们使用认知技术协助准确识别客户，分析和预测客户需求，以此提高服务的水平和降低成本。借助大数据技术发展之基，通过自然语言处理、图像识别、人机文本、语音交互等核心人工智能技术的运用，人工智能在促进提升服务水平、降低服务成本、提高传统服务体系中的服务效率等方面发挥着巨大作用。

以贵阳市工商局的"工商自助调解系统"为例。这是一套由小 i 机器人结合工商部门工作痛点开发的系统，参与调解的双方可以随时随地预约登陆平台，在"智能调解机器人"的监督下，通过文本、语音、图片、视频等方式，进行公平公正的调解沟通。"智能调解机器人"基于自然语言处理和人机文本、深度语义理解等人工智能核心技术，对敏感词进行过滤，把控调解双方情绪，必要时给双方提供相关法律法规及相似案例参考，在不需要人力介入的情况下，及时完成消费调解记录，并成为企业诚信状况的重要组成部分，解决消费纠纷日益增加和工作人员不足的矛盾，破除调解双方信息不对称的困局，提高消费纠纷达成和解的成功率，最终形成"智能自助调解+人工管理"的全年无休、跨地域的新型人机协作业务模式。

而中共贵阳市委群众工作委员会则使用了另一套由小 i 机器人开发的"自流程系统"。此系统将智能化融入平台原有渠道中，构建全天候、立体化的智能公共服务体系，打造出社会治理工作的"城市大脑"。提供面向市民、网格员、坐席员的"智能服务"，包括"社会组织动员智能服务""社区智能服务""实体机器人智能服务""聚合平台智能服务""案件自流转智能服务""人工智能云平台智能服务"等。

"自流程系统"会针对市民、网格员、电话坐席员等报案的录入信息进行整合与智能校对,基于报案描述,智能摘取关键词信息,进行语义匹配,建立完善的城市工单分派模型,将问题自动流转到负责处理的部门进行处理。聚合智能服务整合全市政府服务、惠民政策,形成政务服务的"百科全书"。网格员数据采集智能服务让网格员通过语音或文字进行智能报案、数据采集,减轻网格员的工作量。热线人机协作智能服务成为"12345热线"坐席人员工作的助手,可以有选择地使用语音转写功能,协助完成工单填写,既减少人的工作量,又提高工作效率和派单准确率,同时还增强市民获得感和体验感。

"无人车计划"也是人工智能应用中颇受大众关注的热点。国外的汽车制造商如特斯拉、宝马等纷纷推出无人车研究计划。国内参与"无人车计划"的公司当属百度最受关注,在2016年第三届互联网大会上现身的"百度无人车"引发了广泛的社会关注与讨论。

人工智能技术与大数据的联系,将会使互联网产业之路更加宽广。在人工智能的冲击下,没有企业可以置身事外。在社会发展中人工智能的地位日渐提高,互联网巨头纷纷迈出步伐,步入人工智能领域。

人工智能的威胁

人工智能的发展，其最终到底是造福人类还是会对人类造成威胁呢？在全球各个国家、各个企业投入大量资源发展人工智能的趋势下，我们听到了社会中有些不一样的声音，他们告诫大家要警惕人工智能，认为人工智能会对人类造成威胁，甚至有人认为人工智能可能会成为人类的"终结者"。其中，英国剑桥大学著名物理学家斯蒂芬·威廉·霍金对人工智能提出的警告最受社会关注。霍金曾多次在不同场合表达出他对人工智能的担忧："对于人类来说，强大AI（人工智能）的出现可能是最美妙的事，也可能是最糟糕的事。"在接受英国广播公司的一次采访中，他说道："全人工智能的出现可能给人类带来灭顶之灾。"据说霍金还为此联合硅谷"钢铁侠"马斯克共同建立了人工智能防范联盟，用以防范人工智能的威胁。除了霍金和马斯克之外，还有比尔·盖茨等不少知名人士也表达了对人工智能威胁的担忧。我们对人工智能威胁的担忧主要包含以下几个方面。

首先，人工智能发展到一定程度便会脱离人类的"控制"，这是大部分业内人士提醒"小心人工智能"的最主要原因。人类生产的绝大部分机器在某些方面都可以超过人类，例如汽车一定跑得比人快、录音笔的记忆力一定超过人类。当下它们没有被赋予智能，或者说它们的智能还未达到一个临界点，有人把这称为人工智能奇点——人工智能超越人类智能极限的那个临界点。在人工智能奇点到来之前，一切都没有问题，机器可以辅助人类工作，造福社会；但是奇点到来之后情形也许就不一样了。人工智能超越人类智能极限，这意味着人类可能无法"掌控"自己生产的机器。再加上机器本身在某些方面就要强于人类，所以这里面的风险无法预知。试想如果我们的机器能够脱离程序的控制自主进行"思考"、能进化、有自己独立的情感，谁能保证它不会违背人类的指令呢？人类会向往自由，那人类生产的机器是否也会有这样的需求呢？这样的担忧非常有意义，应当引起足够的重视，但是也不必因此而产生恐慌，乃至放弃人工智能。因为这样的场景现在只能出现在电影桥段里，我们现在的技术还远远达不到这个水平。在将来，我们也许会迎来人工智能的奇点，但在那之前人工智能还有很长的路要走。我们应该假定并警惕人工智能的威胁存在，但是我们不应该去惧怕科学上的一些进展。

其次，人工智能不值得完全信任、"不可靠"，而且过度依赖人工智能可能给人类带来损失。譬如在自动交易系统中，机器的判断失误无疑会给很多人带来经济上的损失；又如在无人驾驶领域中，智能驾驶系统的失误会威胁人类的生命。去年特斯拉的无人驾驶车多次发生安全事故，造成了人员伤亡，由此引发了人们对无人驾驶技术安全性的质疑。质疑是对的，有质疑才会有进步，可若是有人因此而否定无人驾驶技术，认为无人驾驶技术完全"不可靠"，这就未必明智了。我们要问一问：人工驾驶可靠吗？随着无人驾驶技术的完善，我们会发现也许无人驾驶技术会比人工驾驶更加安全。随着人工智能技术的精进，它会变得越来越"可靠"。随着人们对人工智能的认识加深，我们相信人们会选择越来越信任人工智能。

第三，由人工智能与人类"抢工作"引发的社会问题也是人工智能的威胁之一。目前，人工智能应用越来越多地进入我们的日常生活，为我们提供各种各样的服务，例如，苹果的智能语音助于Siri、百度的小度机器人、小i机器人。它们提供价格低廉的"劳动力"、优质的服务，企业有什么理由不"聘用"他们呢？创新工场创始人李开复预测，未来有一半人可能被人工智能抢去工作，尤其是那些主要靠"听"和"看"吃饭的人，比如以"看脸"为核心工作的保安，比如那些靠"听、说"吃饭的人——客服、翻译、教师。在未来，人工智能还可能会取代很多其他的工作，包括一些越来越复杂的工作，比如医生、企业CEO这样的职业都会面临着被"抢工作"的风险，华为创始人任正非也对企业大规模雇佣"智能机器人"会造成的后果表示担忧。人工智能会抢走人们的工作吗？答案是肯定的。回顾历史，两次工业革命，机器都抢走了人们大量的工作机会，相比之下，人工智能所带来的冲击可能会更大，涉及行业更广、人群更多、数量更大。面对人工智能的冲击我们要如何保住自己的工作呢？好消息是，人工智能发展过程中本身就会产生一些新的就业岗位，但这还远远不够。这个问题需要从整个社会到个人、从教育培训到个性释放方面结合全社会的力量共同克服。

在大数据的驱动下发展人工智能是当下的大趋势，在未来，人工智能会从生活中的方方面面影响着我们。从商业角度来看，人工智能势必在互联网企业日后的竞争中占据核心地位，企业的发展脱离不了人工智能，尽管现在有些领域人工智能还难以渗入，但是在将来也一定会离不开人工智能。相信只要坚持正确的研究方向，那就一定会实现人工智能造福人类的目标。

第十章

大数据与智慧城市

　　城市大数据的恰当管理与开放将促进知识服务业的发展，以充足数据为基础的城市规划更趋坚定、合理、科学，大大降低了城市运作的风险，提升了居民生活的幸福指数。大数据是智慧城市各个领域都能够实现"智慧化"的关键性支撑技术，智慧城市的建设离不开大数据。

　　本章探讨大数据时代背景下的智慧城市发展，根据国外典型智慧城市案例，分享了当前大数据相关技术在智慧城市建设方面的应用。

智慧城市

　　近几年来，智慧城市建设开展得如火如荼。随着大数据、云计算、物联网等多领域技术与互联网跨界融合，开启了全新的智慧城市大数据时代。2008年，IBM公司提出了

"智慧地球"的理念；2010年，IBM在智慧地球理念下提出了"智慧城市"的概念及愿景。目前，在欧洲和北美已有数百座城市宣布建设智慧城市；我国自2013年以来分3批确立了近300个国家智慧城市试点。

清华同衡规划设计研究院的李栋认为，智慧城市是把多元的数据融合在一起，挖掘其中的价值。国家信息中心信息化研究部主任张新红认为，数据是人类智慧的原始宝藏，人类认识世界和改造世界靠的是智慧，而数据化必能大大提高人类认识和改变世界的能力。

智慧城市——一个通过云计算进行深度分析、可控制的城市，它基于数字城市、物联网和云计算实现现实世界与数字世界的融合，以实现对人和物的感知、控制和智能服务。它运用信息和通信技术手段感测、分析、整合城市运行核心系统的各项关键信息，从而对包括民生、环保、公共安全、城市服务、工商业活动在内的各种需求做出智能响应。其实质是利用先进的信息技术，实现城市的智慧式管理和运行，进而为城市中的人创造更美好的生活，促进城市的和谐、可持续成长。

国内外"智慧城市"建设

美国　2009年1月28日，IBM时任总裁彭明盛向奥巴马政府提出"智慧星球"概念，建议投资建设新一代的智慧型信息基础设施。同年9月，爱荷华州迪比克市和IBM共同宣布，将建设美国第一个智慧城市。

西班牙 传感器项目让智慧城市建设充分立足实践。智慧城市是巴塞罗那目前最重要的项目之一，原来的巴塞罗那纺织产业老工业区现在是这一项目最重要的试验地。

法国 应用传感器寻找停车位。据思科公司的数据，巴黎居民一生中平均要花费4年时间来寻找停车位。随着停车传感器的广泛使用，通过显示最近的可用停车位，不仅节省时间和金钱，还有助于减少尾气排放，同时也减少了交通流量，提升了居民在城市居住的满意度。

欧盟 智能交通减拥堵。早在2007年，欧盟就提出并开始实施一系列智慧城市建设目标。欧盟对于智慧城市的评价标准包括智慧经济、智慧环境、智慧治理、智慧机动性、智慧居住以及智慧人6个方面。

韩国 以网络为基础，打造绿色、数字化、无缝移动连接的生态及智慧型城市。

新加坡 "电子政务"服务市民。新加坡一直努力将自身建设成以资讯通信驱动的智能化国度和全球化都市，并得以成为全球资讯通信业最为发达的国家之一，提升了各个公共与经济领域的生产力和效率。

日本 抢占智能电网的技术先机。日本于2009年推出

"I-Japan智慧日本战略2015"，旨在将数字信息技术融入生产生活的每个角落，目前将目标集中在电子政务治理、医疗健康服务、教育与人才培养三大公共事业领域。

荷兰　灯泡治理城市。荷兰恩荷芬市是拥有一百二十多年历史的灯泡大厂"飞利浦"的所在地，近年来亦在积极打造智慧城市。其路灯除了提供照明外，还可以帮助警方维持治安。路灯加装的传感器除了掌握人潮流动外，当有异响时，可以识别声音种类——究竟是枪声、尖叫声还是玻璃声。

中国　在宁波，打开手机就能高速上网，1小时免费换乘公交、实时预报、停车预订、公共自行车免费租赁等绿色智能交通全面铺开，并在全国首推"云医院"。2010年9月，中共宁波市委、市人民政府正式对外发布《关于建设智慧城市的决定》，随后又出台《加快创建智慧城市行动纲要（2011—2015）》，成为全国第一个推出智慧城市总体规划的城市。

目前，全世界已经超过上千个地区正在进行智慧化城市的实验。据不完全统计，中国现已有三十余个城市提出了具体的智慧城市建设目标和行动方案，如宁波、北京、上海、广州、天津、深圳、武汉、株洲、佛山等，涵盖了从废物管理、智能路灯、停车传感器到气候监测等多个项目。智慧城市项目可以帮助市政府更有效地运营，提高居民生活质量。

例如，将互联网、大数据技术运用到电网运行和管理中，通过电力数据的检测与分析利用，优化电力有效利用率，使电力资源配置更加合理，促进能源系统转型升级。

基于互联网和移动互联网的普及，贵州蜂能科技发展有限公司研发的智能用电网络实时采集分布于能源管理末端的发电设备、储能设备、用电设备等环节部署的各类能效监测终端、控制器、环境传感器、视频监控等采集控制单元的数据，作为能源管理的数据收集层和方案执行层，实现用电、环境及安全数据的实时监控，打造集"知情、掌控、优化、共享"于一体的智能用电系统。

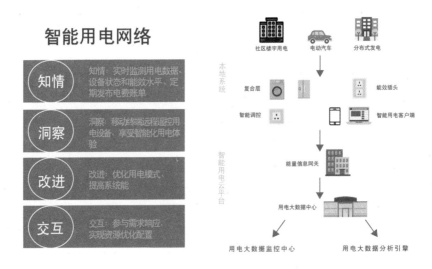

智能用电网络

在实际用电需求中，利用智能用电网络平台可降低用户负荷波动对设备的影响，供电企业和管理者可快速收集停电信息；在用电侧末端实现遥测、遥控和遥调以防止事故发生，缓解负荷陡变对配变重过载的影响，处理设备潜在故障预测报警；并且丰富对用户信息提醒的手段，完善用户用电信息查询业务，还可向用户推送外部环境监测下可采用的用电安全策略等。

用电需求响应环境。通过平台的数据进行分析用户用电需求，使电器设备自动参与需求响应，同时引导用户高峰时少用电，低谷时多用电，提高供电效率、优化用电方式的办法。实现在完成同样用电功能的情况下减少电量消耗和电力需求、降低供电成本和用电成本，使供电和用电双方都得到实惠，达到节约能源和保护环境的长远目的。

控制用户关键用能系统或设备的运行状态

系统能够监测用能系统或设备的运行状态参数，并根据系统需求利用监控终端调整用能系统或设备的转速、温度、流量等参数，优化用能系统或设备的能源消耗。

监测用户能源消耗数据

在监测用户能源消耗数据方面，系统能够采集用户侧各关键用能系统及入户电能计量表的各项电量参数，并利用后台统计分析模型对电量参数进行统计分析和图表展示。

响应电网侧需求响应事件

系统能够在电网侧和用户侧之间交互需求响应事件信息、用户响应信息等，并在特定模式下根据用户响应信息直接控制用户侧用能系统或设备。

控制用户关键用能系统或设备的运行状态

三大功能主体

监测用户能源消耗数据

响应电网侧需求响应事件

智能用电网络功能介绍

智慧城市的发展现状与问题

2015年，我国智慧城市建设取得了显著成绩，然而从整体上看，大多数智慧城市建设仍处于探索阶段，还存在信息资源整合缺乏标准、智能基础设施建设落后、技术应用对产业带动效应不明显、网络和信息安全面临严重威胁等问题。

大数据时代，以大数据为核心基础的智慧城市模式可以解决城市发展过程中所面临的诸多问题，从而实现城市的智慧式管理和运行，促进城市的和谐和可持续成长。一个城市的管理和运营需要科学的决策，只有数据支撑才能保证智慧城市的真正运行。

微软亚洲研究院主管研究员郑宇在2016贵阳数博会上就智慧城市阐述了他的看法："城市里面有各种数据源，从交通流量到气象信息，但这些数据有时空属性，即时间顺序和空间坐标。按照时空属性的变与不变可以把数据分为几大类，按照数据的结构可以分为点数据和网数据，这种时空属性也给算法和平台带来新的挑战。"

他认为，在做城市大数据的时候，第一会考虑到运用云平台，但现在城市计算平台并不能很好地解决问题，主要体现在3个方面。首先，数据类型不一样。这不是指单纯的文本和图片数据，数据在不同地增长，这种数据的储存跟文本很不一样。其次，时空数据的查询方式不一样。我们通常会查询一个空间范围和时间范围的轨迹，这是一个时空范围的查询，并不是一个关键词的匹配。再次，我们在城市大数据里面，往往于一个应用当中就需要同时用到多个数据源，而建立数据索引也是目前大多数平台不具备的能力。

目前，在智慧城市的各细分领域中，大数据应用渗透率比较高、市场规模比较大的主要集中在交通、安防、医疗等民生领域。北京市城市规划设计研究院平台创新中心秘书长、北京城市实验室（BCL）联合创始人茅明睿举例说，通过行为建模给人定制标签，可以时刻了解地铁站内的变化。由此可以知道进站是些什么人，进站的人会去哪儿，出站的人从哪里来，可以在任何时刻看到地铁的运行情况。对于特定的人群，可以监测到这些人的生活轨迹。可以将房价等数据都建模，看到这里的房价多少，全市的房价多少，乃至看到全国每一块土地相应的数据是什么样子，还可以看到某座城市公共服务特征是什么，如医院的密度、酒店的密度、餐馆的密度等等。

根据茅明睿的分析，智慧城市并不能通过人每天几点钟去哪里来预测这个城市未来会怎么样，而是要一个更有深度的科学发现。第一是现象描述，精确地描述我们的城市；第二是进行特征提取，描绘这个城市的人们有哪些特征；第三是发现城市跟人的交互关系规律，只有通过分析沉淀比较多的数据，才知道城市和人之间是什么关系。人怎么选择空间、空间怎么影响人，这个是我们达成智慧城市的一个模型。

有数据显示，在"十三五"期间，城市大数据应用建设规模年均增长率达50%左右，市场空间巨大。而从发展的角度看，大数据也已经是城市里继水、电、气之后的第四大战略资源。

关于城市大数据的处理，北京邮电大学数据科学中心副教授高升说可以建立数据中心来存储海量数据。所谓城市大数据，即降低存储空间、减少存储能耗，针对多元数据或者是多模态数据，提出一个对应的大数据的算法，能够把像出租车GPS的数据、人的移动这些所谓的时空多位型数据表现为二进制的数据，从而满足大数据的解锁。

根据高升的分析，采用大数据多模态深度学习技术可以很好地处理或者提取处理不同类型的数据。人工智能技术能够再一次爆发，很大程度上归功于深度学习技术的成熟。通过对视频、音频、图像，包括人的移动性数据的处理，利用深度神经网络这个能够实现异构的数据特征的学习，可以实现所谓的多媒体内容的融合和分析。利用城市大数据，可以给城市管理者提供更好的数据处理。在城市当中生活的居民，可以根据每一个用户的个人数据实现对用户的个人画像，同时结合城市各个行业服务的大数据，实现面向居民个性化的城市生活运行。

我国智慧城市的建设目前还处于初级阶段，致力于利用新一代信息技术以整合、系统的方式管理城市运行，让各个功能彼此协调运作。未来，大数据将遍布智慧城市的方方面面，从政府决策与服务到人们的衣、食、住、行；从城市的产业布局和规划到城市的运营和管理方式，这些都将在大数据的支撑下得以呈现；利用大数据技术来改造和完善城市，为市民创建一个最佳的居住生活环境，探寻未来城市的发展之路，让城市生活更加智慧是我们对智慧城市的期待。

对此，北京城市实验室的创始人龙瀛指出，基于几本年鉴的数据认识城市，这是不够的，研究对象应该回到客观城市性，研究的方式方法也要发生各方面的变化。龙瀛举例说道，要把研究空间扩展到一个国家甚至全世界，现在越来越多的学者把研究视角放在整个地球尺度，同时又能到达较为微观的粒度，这是一个变化；另外一个变化是时间尺度上的变化，既关注呼吸次数是1分钟、到医院测心跳是1分钟，也关注1年你出去旅游多少次、10年看你是不是结婚生子。我们看城市用统计年鉴看，用1年、10年和1天的尺度都是不一样的，看城市要关注不同的时间尺度。

大数据是智慧城市建设的核心

大数据是未来城市建设的发展趋势，也是智慧城市的运维、管理、决策的核心技术，有了大数据管理平台和政府相关部门的支持，将会极大提高政府的综合管理水平。根据麦肯锡研究，到2020年，智慧城市产业预计将达到4000亿美元的市场，覆盖全球600个城市。到2025年，这些城市预计将会占世界GDP的60%。到2050年，发达国家约86%的人、发展中国家约64%的人会期望在智慧城市中生活。

国家信息中心信息化研究部主任张新红在2016贵阳数博会"大数据与城市智慧"论坛上指出，在数据化城市建设当中，促进数据化城市发展第一要素是信息化，是为经济社会发展的一个新的功能；第二是网络化；第三是宽带化，5G可能会对我们的生活带来革命性变化；第四是智能化；第五是服务化，将来的服务环节创造的价值将占到90%以上；第六是社会化，无论城市的管理还是企业的发展都将是社会化；第七是生态化，过去产业链的价值观转向生态圈的价值观；最后是平台化，所有的企业可能都将平台化，政府的治理也将走向平台化。

大数据正在跨入更多领域，所有公司都将数据化。信息社会已经来临，要么主动适应，要么被动适应，未来数据化的城市能够真正让我们的生活变得更加美好。张新红主任分析，数据化城市是城市升维的标志，数据开放是建设数据化城市的突破口。

随着大数据等新技术的快速发展，我国智慧城市建设的内涵也越来越丰富，智慧城市将是未来城市的发展趋势，包括智慧环境、智慧商业、智慧公共安全、智慧教育、智慧环保、智慧能源、智慧城管、智慧养老、智慧社区、智慧家居等多个领域。

例如，湖南永兴县在城市管理中引入了一套智慧城管网格化管理可视化平台，这套由北京数字冰雹信息技术有限公司开发的智慧城市系统结合了地理信息系统、业务数据统计、视频监控业务等功能。平台基于地理信息系统，标示了政府机构、道路、建筑物、工地信息、井盖以及城管人员当前的位置；系统预警、报警信息自动标绘显示；按照事件的级别、发生时间以及发布范围进行数据展现，全方位掌控城市的综合态势。

智慧交通是永兴县智慧城市可视化系统的主题之一。结合永兴县的地理位置及水路交通状况，系统融地理信息系统、警力警情监控、报警信息、视频监控业务等功能为一体，显示永兴县各网格区域的交警、摄像头、红绿灯分布以及交通违法情况，对县区交通进行网络集中监控、信息资源共享、分析决策和指挥调度，提高县区交通的管理和服务水平。

通过平台可以综合了解永兴县具体街道管辖的交警数量及位置，合理布局警力分布。通过高清视频监控系统、智能高清卡口抓拍系统，保障路口多种情况的车辆违法抓拍效果，对机动车、道路进行实时监控，并通过统计图表联动，实时显示当前交警数量、交通违法、交通事故等数据信息，实现对公安交通警务活动的智能化、信息化管控。

智慧城市的发展将围绕应用智能化平台、低成本智能信息管理平台等进行全方面建设，保护公共服务资产的安全、维护社会的安全与稳定，并以提高人民的生活福祉为最终目标，将会给人们的生活带来更多的便利。

第十一章
大数据与金融风控

大数据金融

大数据的价值在金融行业尤为凸显，大数据技术在金融行业的应用也是最突出的。银行、证券、保险、互联网金融等都利用大数据技术提升业务创新能力。本章我们节选出金融行业大数据应用典型案例，分别讨论大数据在征信管理、金融监管、风控等几个方面正在开展的应用。

在金融与科技深度融合的时代趋势下，大数据的应用带来了发展的新机会，以人为本、以客户需求为核心的新的金融模式的出现，严重冲击着传统商业银行。传统的经营模式是否真的能满足客户需求——这是能否促使商业银行改革和转型的重要原因之一。大数据技术的运用，带来了行业的全新视角和洞察力。如何利用商业银行本身的数据优势结合大数据技术实现创新，提升业务能力，带来更大的发展空间，是传统金融机构必须面对的挑战，也是其转型发展的重要一环。

商业银行转型

大数据技术的应用使得企业更容易掌握客户需求，并根据需求创造更适合客户的产品。新的商业模式不断出现，给传统的商业模式带来更大的冲击，传统的商业银行也面临着这一挑战。可以说，大数据时代，谁拥有数据，谁就能拥有话语权。相对于新出现的金融竞争者，传统商业银行依据其长久的发展根基在数据方面本就占据极大优势。重庆银行原董事长甘为民在演讲《大数据：助推商业银行转型创新的引擎》（2016数博会"大数据风控发展论坛"）中认为，在大数据应用环境中"银行既是数据的使用者，也是数据的整合者，同时还是数据的管理者"。他从这3个不同的角度解析了商业银行转型的重要性和发展的优势，认为传统的商业银行应该围绕这3个不同的角度建立全新的"技术方法""业务理论"和"业务规范"。

但是，贵阳银行股份有限公司行长、董事李忠祥在演讲《大数据风控是一场革命》中提出，传统商业银行当前面临着诸多问题，而大数据技术的运用将给传统银行带来新的发展机会。对于商业银行而言，传统的风控模式将会使其失去70%的信用市场，而只能固守30%的抵押市场。但是大数据技术的运用将帮助其改变这个局面，并且将会使企业贷款的效率更高。此外，李忠祥认为"大数据金融是一片蓝海"，它是依托于"大数据风控技术衍生的金融产品或者服务，本质是金融的高端形态"。它将弥补传统银行因为信息不对称而失去的30%的小微金融市场，这个市场的容量非常大。以蚂蚁金服为例，它当前的市场估值是600亿，而市场还能容纳千只这样的"蚂蚁"。在未来，随着大数据技术的成熟、智能理财等形式的出现，市场的容量将会进一步扩大。最后，他提出"大数据金融是一片红利"，它将大大降低贷款成本，也只有通过大数据的风控技术才能从真正意义上解决"轻资产难融资"问题。这些都是传统商业银行需要转型的重要原因。

利用大数据可以探索出中小微企业信用贷款新模式。数联铭品与重庆银行以"海量企业行为数据+全球顶尖信用风险和市场风险行为专家+领先的大数据技术+金融数据服务框架"四大方面作为支撑，构建了基于大数据下的"小微企业无抵押、无担保、纯信用贷款风控模型"。数联铭品与重庆银行共同探索打造的大数据风控平台"Holo Credit"，集数据、平台、应用于一体。整合传统银行数据、政府数据以及外部公开数据，利用大数据处理、分析与建模技术，还原小微企业信用水平、行为特征与风险画像。其数据来源涵盖工商、税务、法院、征信等管理部门以及银行自身的经营数据积累。

模型运用了多个模板和一千多个指标中的100个为企业提供全息画像，根据结论使贷款客户进入模型对应层级，然后得出相应的评分结果，再根据这个结果与税务等级、年均纳税额相结合，最终确定客户的贷款金额。

在大数据风控平台"Holo Credit"的基础上，以小微企业税务数据为核心，通过大数据分析技术重构了小微企业信用风险评级体系，通过互联网技术创新再造了小微企业的贷款流程；实现了对小微企业的画像，消除了传统银行金融机构与小微企业之间信息不对称的壁垒，直击小微企业融资贵、融资难的痛点。可以说，彻底颠覆了商业银行服务小微企业的传统模式。

实践中，重庆银行充分使用多维度的数据，通过增加对小微企业评价的维度，打通信息孤岛，在取得授权和合规的条件下开拓不同的数据来源，整合传统银行数据、政府数据以及外部公开数据。在地方政府的支持下，适度获取企业税务数据、水电气数据、社保数据等，结合BBD（数联铭品科技有限公司）已掌握的工商数据、司法数据、关联方图谱数据、财务数据、专利数据、招聘数据、媒体数据与宏观经济数据等，形成三位一体的"大数据"体系，即整合

"企业资源数据""政府数据""企业行为数据"。

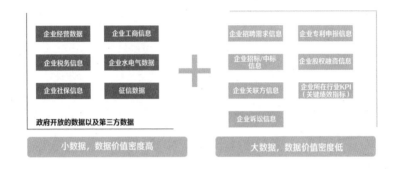

融合政府开放的数据和BBD大数据

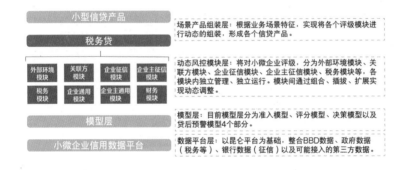

整体业务框架

利用大数据采集、挖掘、处理、分析小微企业的信用情况和违约概率,有效识别风险,再面向在线信用贷款、交易融资、产业链融资、生命周期融资等众多金融场景建立信贷模型,完成对小微企业贷款的风险定价,无须进行烦琐的贷前尽职调查、贷后监控预警。

在贷前环节，利用大数据判断客户资质；在贷中环节，利用大数据识别还款能力；贷后环节，利用大数据跟踪贷后风险，从而实现帮助金融机构进行自动化客户探索、自动化信贷审批、自动化利率定价、自动化信贷额度、自动化监控预警，形成贷前、贷中、贷后一整套智慧风控决策方案。

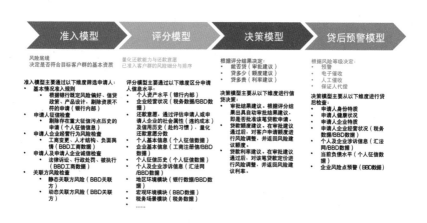

大数据风险决策模型框架

商业银行要转型，必然要以创新为驱动。要升级，必须要找对创新的"利刃"工具。我们看到，新兴的技术已经为金融行业打开了全新的格局，成为驱动创新最重要的工具，也为重构行业发展的基础设施提供了必要的前提。传统商业银行开始彻底反思并重新定位改革的路径。互联网、大数据、云计算、人工智能等技术在信息整合、成本集约、效率提升、普惠便民等方面都凸显了绝对的优势，金融与科技的融合更加为中小企业的金融服务注入了活力，并已经开始逐步释放红利。

目前，商业银行已经从战略意识、业务创新、技术基础等层面启动了金融科技的发展，金融与科技正在深度融合。从战略层面看，各大商业银行已经开始主动拥抱互联网，"科技兴行""互联网金融""大数据"等战略已被逐步确立。

此外，商业银行正在逐步将互联网、大数据等技术，应用贯穿于存、贷、汇等产品开发与创新中，客户的拓展与服务阵地都在往线上迁移，风险控制手段也在大数据的推动下进行迭代升级。

要实现可持续发展，除了战略意识的转变与业务产品的创新以外，商业银行基础设施的重构也势在必行。越来越多的商业银行将选择轻量级的IT架构设计，重视科技人才的储备，大数据平台、云计算平台等基础设施的建设步伐也将逐步加快，互联网渠道亦将进入快速迭代的模式。

金融风控

麦肯锡曾说大数据处于行业的正中心，服务于各行业，已经形成一种不可逆的趋势，并且它即将改变未来很多行业的运作方式。而大数据与金融具有天然的联系，大数据应用在金融领域具有得天独厚的优势。金融行业主要有五大市场，分别是股票、债券、外汇、利率、大众交易，2016年4月9日，贵州数联铭品科技有限公司董事长兼CEO曾途在"2016 ICFE 中国金融工程与金融创新会议——大数据与创新金融新视界"论坛上作了《大数据框架下的金融风险评估》主题报告，他提出，想要把握这些市场的本质，就要把握这些市场的风险和市场中资产产品的定价问题。

信用风险问题一直限制着金融行业的发展，特别是对一些中小微企业的风险评估，其主要原因是信息不对称，因为传统的信用风险评估往往需要花费很长的时间，这也是这些企业贷款难的主要原因。企业现有的资料，比如财务报表等，无法作为唯一凭证来评估企业是否存在信用风险。对于这种信息不对称，曾途提出可以通过大数据建模的方式来集合多方数据资源进行解决，从而可以在短时间内对企业进行信用评分。

而对于金融产品的风控问题而言，曾途给出了以下几点建议：其一，应该从多源异构的数据开始把各种社会来源的数据进行融合，将这些融合的数据再进行分析计算，形成最终的金融产品。其二，收集、挖掘与企业相关的数据并进行加工处理，形成支持信贷模型的整体的、干净的数据源。其三，把最终的数据产品提供给金融机构，并打造一个平台，融合所有数据，便于金融工程师利用该平台去做金融风控。

此外，金融的风控问题还应从国家层面得到解决，因为可利用大数据进行预测，可以利用大数据技术结合多源数据面对企业的风险进行评估。从国家层面来说，国家可以通过一些大型的金融机构在全球范围内采集金融数据。比如，美国就将采集到的数据进行分析，以此来对其他国家或者地区进行风险预测。中国也成立了类似的机构。

随着大数据技术的应用，金融风控不再局限于企业所能提供的财务报表等，还可以通过建立基于企业行为的数据分析框架打破当前的信用风险分析困局，并通过这个框架模型引导对企业的信用评估，最终有效进行风险控制。

金融监管

互联网金融一直是行业的热议话题。依赖大数据技术的应用，互联网金融发展迅速。正如吴晓波所说，中国的小微市场可能是传统银行丢掉的30%的市场份额，而这个空缺可以靠大数据金融来弥补。然而也正如中国中小企业协会副会长、金电联行董事长兼总裁范晓忻在2016数博会"大数据防范金融风险论坛"上所说（演讲以《大数据构建互联网金融监管新范式》为题），在"新技术、新业态火热的同时，风险也如影随形，如何有效监管互联网金融，既把握好风险防范底线，又促进行业发展，是各方面临的重要课题"。例如，"e租宝"等欺诈事件极大地损害了互联网金融形象。

中国人民大学法学院副院长杨东教授在2016数博会"大数据防范金融风险论坛"上发表题为《大数据金融风控创新发展与监管重构》的演讲，其中提出，"互联网金融本身就是依靠大数据、云计算等社交网络的新技术，它是一个真正的普惠金融的模式"。只有依托大数据技术，才能将互联网与金融完美融合，从而解决传统金融信息不对称的弊端。

当前中国的法律机制对P2P（互联网金融对点借贷平台）这样的创新商业模式存在很多局限，使其不能成为一个纯信息中介，究其原因就是缺乏一个大数据的征信体系。这也是造成像"e租宝"这些P2P平台倒闭的原因。截至2016年4月底，有将近1600家P2P平台要么"跑路"、要么倒闭、要么触犯中国法律，正在面临大规模的整顿整治。

为加强对创新金融模式的监管，各地纷纷出台相应政策来规范互联网金融业态。以贵阳为例，数控金融监管平台的建立，通过对制度、技术、数据的结合，实现了线上和线下全方位监管新模式。杨东将该平台功能主要归纳为以下3个方面：第一，建立健全的针对互联网金融的制度和法规，分类梳理互联网金融各相关业态的风险，对市场进行规范，同时鼓励创新。第二，通过征信、能动、产品3个维度，对互联网金融企业进行全方位的监管。第三，就是通过大数据对资金流向、业务信息披露以及投资主体进行监管，通过对交易过程、第三方资金和清算流程及服务的监管，向处于市场的投资人群体进行尽可能充分完整的信息披露。

美国花旗银行执行董事陈岩在2016数博会"大数据防范金融风险论坛"上发表主题演讲《大数据在金融信用管理的应用》，他认为，"金融本就是经营风险，所有的价格、利润都与你愿意承担多大的风险有关系"。从之前在P2P平台所发生的诸多事件可以看出，这样的监管存在弊端：当风险已经发生，我们才意识到危险。所以对于金融的监管，应该从始至终，注重每个决策和细节，落实到每一个实体和具体的决定。

以银行信用卡为例，信用卡的信用额度是由客户的潜在风险决定的。如何寻找优质客户，以达到风险最小、利益最大，这都需要不断监管，不断调整政策。对于风险较低的客户，可能收取相对比较低的利息；相反，对于高风险客户，相应的利息较高，监管相对比较严格。

数据资产化

　　数据只有资产化才能最终实现数据的价值。贵阳银行大数据金融部总经理郇公弟将金融的5个基本架构（征信、支付、信贷、理财、交易）视为金融行业实现数据资产化的五个维度（参见郇公弟在2016数博会"数据资产化发展论坛"上的演讲：《银行视角下五大维度实现数据资产化》）。比如，贵阳银行跟中关村数海数据资产评估中心做了中国的第一笔数据质押贷款，实现了真正意义上的数据资产化。然而，在大数据环境下，数据抵押并不是数据资产化的唯一方法，可以根据金融的5个基本架构来实现数据更大的价值转变。而例如"蚂蚁金服"，通过金融将数据变现，将会产生更大的价值，拥有更广的发展空间。

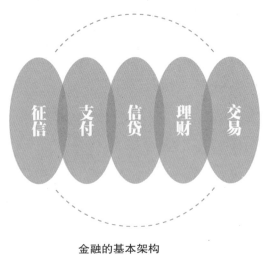

金融的基本架构

因为大数据金融红利，很多机构便想要进入金融行业分一杯羹，但是成功的却很少，大部分都以失败告终，这是因为没有足够的数据做支撑。舍恩伯格先生说过，微小数据并没有什么价值，而互联网的数据往往是碎片化或者场景化的，根据这些数据做出的决策并不完善，甚至会产生这些金融机构所不能承受的严重后果。比如，美团、唯品会金融还只是在小范围试水。尽管美团投入大量资金收购了钱袋宝，但是并没有翻起太大水花；而唯品会金融对获得放贷款最高信用额度评估的用户也不会给超过5000元的额度，因为没有足够的征信体系来支撑。这都在一定的程度上限制了金融行业的发展。

此外，一般金融机构依旧很难借助数据资产化来实现这一目标，特别是来自互联网的数据并不能被直接利用，而需要采取相应的技术来进行重组及分析，使其足以支撑金融决策，最终实现这些数据的价值。对此，贵阳数据投行有限公司首席技术官张亚飞在2016数博会"数据资产化发展论坛"上发表的演讲《数据资产赋权赋值体系的体系》中提出，数据想要商品化、金融化、资产化，可以建立数据赋值赋权体系，以确保数据的安全合理利用。将数据资产进行合法登记，就能获得数据资产的最高控制权，才能在冲突发生时确保企业自身的合法利益。

大数据金融不会脱离金融的本质，然而不同于传统银行在金融方面的服务，大数据金融在原有的金融框架下提供了一个完全不同的场景和模式。面对竞争，传统银行可以利用大数据技术来重新梳理其所拥有的数据，最终实现资产化、金融化，从而获益。

对于金融行业而言，最简单的变现方法是发放贷款，然而传统商业模式之下发放贷款的风险非常大，主要是因为银行对企业的风险评估方式还比较单一，只能根据后者提供的资料做评估，耗费时间长。但在大数据背景下，跨电商放贷模式其实更方便也更有价值。未来，商业银行可以采取线上模式，客户不再需要去银行网点办理业务，而可以在网站上操作。此外，随着大数据技术的运用，信贷体系不再需要人为的风险评估，而可以通过对企业的行为数据分析等多方面评估，从网上将贷款放出去。跨电商的信贷会打破过去的业务模式，改变信贷的一些基本方式，也更利于催收。

此外，郇公弟在2016数博会"数据资产化发展论坛"上发表的演讲《银行视角下五大维度实现数据资产化》中认为，互联网上的数据足够分析一个人的生命周期、财产状况、资产配置需求等，并给出了定制化理财方案，有针对性地推送产品，所以说在互联网上将会产生资金。通过与银行合作，数据实现了资产化，资产化以后可以证券化，之后可以结构化，进而可以交易。通过交易所的机制把数据变成一个商品，甚至变成一个信托、一个资本。

总体而言，在大数据背景下，如果电商（包括产业企业）仅掌握的是这些有限的数据，单纯地做金融化可能是很危险的，可是整合以后可以实现资产化，这条路是很宽广的，但这需要电商和银行、大数据企业联合起来，共同挖掘数据背后所产生的价值。总之，数据资产化的发展将是很光明的，前景很广阔。

区块链技术

区块链（Blockchain）是分布式数据存储、点对点传输、共识机制、加密算法等计算机技术的新型应用模式，一种去中心化的分布式账本数据库。没有中心，数据存储的每个节点都会同步复制整个账本，信息透明而难以篡改。区块链技术概括起来就是指通过去中心化和去信任的方式集体维护一个可靠数据库的技术方案。

狭义来说，区块链是将数据区块以时间顺序相连的方式组合成的一种链式数据结构，并以密码学方式保证不可篡改和不可伪造的分布式账本。广义来说，区块链技术是构建在点对点网络上，利用链式数据结构来验证与储存数据，利用分布式节点共识算法来生产和更新数据，利用密码学的方式来保证数据传输和访问的安全，利用自动化脚本代码组成的智能合约来编程和操作数据的一种全新的分布式基础构架与计算范式。

区块链的诞生，标志着人类开始构建真正可以信任的互联网。通过梳理区块链的兴起和发展可以发现，区块链引人关注之处在于，能够在网络中建立点对点之间可靠的信任，使得价值传递过程去除了中介的干扰，既公开信息又保护隐私，既共同决策又保护个体权益，这种机制提高了价值交互的效率并降低了成本。

大数据时代，数据已经作为资产在行业内流通，然而数据安全问题一直是业内比较担忧的问题，数据归属权、个人信息保护等存在很大的争议。此外在数据资产的价值挖掘过程中，应该如何保证数据资产安全放心地流通？掌握在政府手中的80%有用数据应该如何安全地开放出来？开放后能否被合理合法利用？过程中如果侵犯了隐私权该怎么办？数据隐私应该如何去保护？

针对这些问题，北京赛智时代信息技术咨询有限公司CEO、赛智区块链（北京）技术有限公司创始人赵刚在演讲《区块链技术在数据资产管理应用中的思考》（2016数博会"数据资产化发展论坛"）一文中给出两点建议：一方面可以依靠法律的手段，对数据交易行为进行约束；另一方面就是利用区块链技术对数据进行加密处理，以避免在数据交易过程中数据被拷贝所带来的危害。因为区块链中每一个单独的区块中的数据记录具有不可篡改性和安全性。

随着区块链技术的成熟，它将来可能被用来建立一个真正可信的互联网系统，因为区块内信息的不可更改性和安全性能，它将来可能会成为真正解决数据开放中的隐私问题、数据资产确权问题的重要支撑技术。此外，因为区块链式去中心化模式，使得我们现有的监管手段不需要很多累赘的方式。

总体而言，大数据技术的运用给传统银行的发展带来了更大的挑战，同时也促使它们的转型。大数据技术的应用可以解决由于信用和风险无法评估而阻碍发展的中小企业的信贷问题。此外，数据资产化开启了信贷的新模式，不再是实物抵押，而是直接将数据作为抵押物进行信贷。随着大数据技术的完善，未来的银行可能不再需要网点，客户可以直接在网站上进行贷款申请操作。随着区块链技术的成熟、征信体系的完善，金融行业的发展将会更加安全可靠。

第十二章

智慧医疗

实现全民健康任务艰巨

如果说大数据是一套工具，那么我们应该把这套工具应用到我们的医疗中来，助力实现精准医疗、智慧医疗。医疗本身除了疾病治疗之外，还包含着保健的含义。从这个层面来看，医疗就是人们为追求身体健康而做出的努力。自文明诞生以来，人类就从未停止过对健康的追求。

2016年8月19日至20日，习近平总书记在全国卫生与健康大会发表重要讲话时强调："没有全民健康，就没有全面小康。"由此可见，上至国家，下至个人，无人不关注医疗和健康的问题。随着科技的发展，我们的医疗水平实实在在地进步，人们对健康的认识以及人们的健康水平有了明显改善，但是在新的时代背景下，人们对健康有了更高的要求。在过去，我们认为的健康大概等于身体处于正常的状态，没有疾病就等于是健康，没有去医院那我们就是健康的。但我们现在不这么认为了，我们现在会关注环境、关注水源，会追求有机食品。因为我们对健康有了更深层次的理解，对健康提出了更高的要求。健康所面临的挑战也变得更加复杂，人口老龄化、环境污染、食品安全以及不健康的生活方式等，对人的健康带来了极大影响。

国家癌症中心发布的一组数据显示，我国每年的肿瘤新发病例大概是430万例。2015年，我们国家因肿瘤而死亡的人数约280万，超过全球因肿瘤而死亡人数的四分之一；心脑血管疾病加在一起的死亡人数是350万；风湿性致残人数大概是9000万；乙肝感染者大概有8000万；活动性的结核人数全国有550万，全世界排在第二，仅次于印度。可见，疾病对健康的挑战巨大，医疗技术、医疗思想都必须再进一步，且任务艰巨。

大数据与大健康

大数据时代到来，通信技术迅猛发展，采集数据能力显著提升，采集成本却越来越低，完全有可能进行一个全面的数据采集，这为实现医学飞跃发展带来新契机。将大数据完美引入医疗系统，建立完善的"大数据+医疗"体系可能还需要相当的时间，但是"大数据+医疗"的探索在世界范围内已层出不穷，将大数据应用于促进医疗技术的发展有着巨大的潜力。有业内人士这样比喻：在医疗领域，大数据的分析作用堪比经验丰富的临床医生。事实上，大数据在医疗领域的应用十分广泛，大数据分析只是其中一个重要的部分。"大数据+医疗"是智慧医疗的新探索，让个性化的精准医疗变成可能。目前，大数据在医疗领域的应用探索主要体现在两个方向：第一，基于大数据技术的医药升级，考虑的重点在于如何利用现代的大数据技术，让我们现有的医药体系——包括诊断、治疗以及疾病预测——各个方面都进一步做得更好；第二，朝向医药学未来的发展来讲，就是基于大数据思维医药革新。这两个方面合在一起构成了医药大数据的完整发展过程。也许在不久的将来，我们的健康全都需要用大数据来保障。

我国卫生健康事业的主体架构主要包括四大板块：第一是医学科学研究，第二是疾病预警、监控，第三是临床服务和诊断治疗，第四就是健康的管理和服务。几大板块一起产生了大量健康大数据，包括药物研发方面的大数据、临床数据、诊疗方案、临床决策、实时统计分析数据、远程的医疗数据、病历的资源、就诊行为的分析、临床基本的药物、医保大数据等，涵盖了医药领域的方方面面。如何利用好这些数据是发展精准医疗个性化的关键。

精准医疗兴起

2015年1月，时任美国总统奥巴马在国情咨文演讲中提出了"精准医学（Precision Medicine）"计划。他说："我希望能够消除小儿麻痹症，开创人类基因组医学的新时代——提供及时、正确的治疗。今晚，我提出一个'精确医学'计划，希望使我们更接近治愈癌症和糖尿病等疾病，使我们所有人获得个体基因信息从而保护自己和家人的健康。"

精准医疗从美国开始，变成了一个世界热点。精准医疗是一种趋势，引起各国领导人所关注。继美国之后很多发达国家已经把精准医学作为国家科技竞争和引领国际发展潮流的战略制高点，把精准医学作为国策的一部分进行商讨。

2015年3月，国务院发布了《全国医疗卫生服务体系规划纲要〔2015—2020〕》，对我国医疗卫生体系现状及存在的问题做了汇总，同时明确指出要开展健康中国云服务计划（以下简称健康云），要推动健康大数据的应用，充分利用移动互联网、物联网、云计算、可穿戴设备等新技术，助力实现惠及全民的健康信息服务和智慧医疗。事实上，在2015年下半年，我国的重大专项精准医学也已经立项了。我国做精准医学发展的战略目标，第一是建立一流的精准医疗平台和保障体系；第二是研发一批国产的药物器械和装备；第三是形成一批我国定制、国际认可的疾病预防和临床诊疗的指南标准，包括临床路径等。最终的目的就是为了推动健康中国的建设。

1.建立一流的精准研究平台和保障体系

2.研发一批国产的药物器械和装备

3.形成一批我国定制、国际认可的疾病预防和临床诊疗的指南标准，包括临床路径等

中国做精准医学发展的战略目标

精准医疗

到底何为精准医疗呢？在2016数博会"从理念到应用——健康大数据高峰论坛"上中国工程院院士、北京大学医学部主任詹启敏在演讲《中国精准医学发展之路》中认为："精准医疗，就是应用现代遗传技术、分子影像技术、生物信息技术，结合患者生活环境和临床数据，实现精准的疾病分类和诊断，制订具有个性化的疾病预防和诊疗方案。包括对风险的精确预测、疾病精确诊断、疾病精确分类、药物精确应用、疗效精确评估、疗后精确预测等。"从大数据的角度来看，精准医学其实就是在大数据采

集的基础上，对人体的状态做精细分类。在此基础之上，有一套与之相对应的精确药物治疗。精细的健康分类加上精确的药物治疗，合在一起就是精准医疗。

精准医疗的推广势必会大大提高医疗准确度和医疗效率。中国科学院陈润生院士在演讲《大数据与精准医学》（2016数博会"医药大数据的专业化回归与突破论坛"）中认为，精准医疗的意义更多体现在医疗核心的变化上："这种根本性的变化就是从当前以诊断治疗为主体的医疗体系转变到以健康保证为核心的医疗体系，现在的医疗体系是你到医院去找医生看病，而未来的医疗也许面对的是全体健康人，对任何健康人我们都可以根据分子水平上的一些数据等其他的信息，对其健康状况和未来状况做一个评估，根据评估的方案进行干预，以保证有些病在其身上不发生了，有且延迟发生，有且可以发生得更轻缓一些，这样一场革命性的变化使得整个医疗体系从对病人的治疗转变到对全体人群的健康保障。这个时候，也许这样一种医疗体系和医疗概念上的转变会给产业带来一场大的革命。"

精准医疗应用

前面提到过，我国每年的肿瘤新发病率大概是430万例，2015年我国肿瘤的死亡人数约280万，超过全球因肿瘤而死亡人数的四分之一。而美国和加拿大每年的肿瘤新发病率大概是我们的两倍，但是肿瘤的死亡人数却不及全球因肿瘤而死亡人数的十分之一。由此可见，和发达国家相比，我国在肿瘤治疗方面还有很大的差距。但是，借助精准医疗，我们解决肿瘤问题就相对容易了许多，赶上发达国家也不是没可能。

精准医疗为肿瘤治疗提供了方向。我国关于肿瘤的记载出现在一千多年前的宋朝，以前治疗凭借的是经验，是依据医生的个人经验来诊断疾病。20世纪初，我们开始利用射线对人体肿瘤组织进行诊断；现在的条件比以往好了许多，我们可以通过对细胞进行观察来鉴别其是肿瘤细胞还是正常细胞。其实，通过这一系列的诊断，结合通过病人的手术、病人的症状、临床表现出来的指征以及一系列检验和分析得出的结果，只相当于水面上的冰山，还有大量的信息隐藏于其下。现代医学拥有如此多的手段，为什么我国每年还有280万肿瘤患者死亡？因为我们对水面下巨大的冰床——对人的本质、对生命的本质了解还不够。如果我们借助大数据进行分析、研究，这些隐藏的信息就会逐渐被挖掘出来。

当下我们对肿瘤的整个治疗模式是世界通用的，大家都用这个方法来治疗肿瘤，这就叫治疗路径。可是，肿瘤是一个很复杂的疾病。如果说两个人同时患病都用同一种药进行治疗，一个可能有治疗效果，可另外一个就不见得一定会有效果了。然而，现有的治疗模式就是如此。按照规范化治疗的原则要求，医生会给出比较相似的治疗方案。比如10个病人在临床上都是同一期，他们的治疗方案就会比较接近。我们知道肿瘤的治疗对病人都是有侵害性的，而且即便是经过再好的医疗治愈的病人也会有复发或只能短暂生存的情况。所以如果不能达到精准治疗的要求，即不能对肿瘤进行大量的数据检测、分析，进行精准找出它的靶向基因，然后施以治疗，那么肿瘤致死率就会大大提高。所以肿瘤的治疗应该设计个体化医疗方案，进行精准医疗，这也是大数据时代和信息处理提供的治疗方向。

精准医疗有一个最典型的案例。美国著名演员安吉丽娜·朱莉通过基因检测发现自己带有致癌基因，检测后的预测结果是她的乳腺癌发病率为87%。后来医生根据预测结果制订治疗方案，切除乳房以达到治疗目的。这就是精准医学对预防、对诊断、对治疗都有很突出效果的例子。

肺癌现在是最难治的重症之一。肺癌突变患者也有靶向基因的突变。如果我们找到靶向基因并精准用药，病人就可以得以存活，这就是精准医疗的效果。目前国内外对肺癌都选择这样的治疗方法：除了病例检测还要进行基因检测，通过7种基因来对应靶向药物治疗以得到很好的疗效。现在世界上的大医疗中心都在开展着二代基因测序。

　　总的来说，精准治疗就是进行海量的基因检测，寻找出有异议的图谱的点，从而进行药物治疗或预防，以达到治疗或预防的目的。

　　除了用于治疗，大数据医疗对于疾病监测、疾病预防方面也有显著的成效。2009年，甲型H1N1流感（简称"甲流"）开始在全世界范围内大规模流行。但是早在甲流还没有流行之前谷歌就发表了一篇文章，预测出甲流将要流行。怎么预测出来呢？它用的是大数据——通过对每天30亿条以上的网上数据进行分析得出的结论。让我们特别欣喜的是，谷歌的预测与官方的数据相似高达97%，而且与中国疾病预防控制中心发布的数据类似，不但能预测出流感什么时候发生，还能预测这个病是怎么传播的，非常准确。当今世界范围内，流行性疾病十分常见，对人的健康造成极大威胁，如果借助大数据预测在疾病尚未扩散之前就做好应对措施，防患于未然，无疑是对人类健康的极大保障。

大数据与中医学

　　中医学的历史及文化源远流长，它诞生于农耕时代，在几千年的历史传承中世代相传，从未中断，贯穿于中华民族繁衍生息的整个历史过程中。然而，随着西方医学的发展，中医学受到了巨大冲击。

中医学不是西方意义上的"科学"，其部分理论和运行的方式用现代科学体系是难以解释和度量的。现代科学这一把尺子，可能还度量不了中医学的内涵。但是当大数据出现的时候，巨量的临床数据和中国几千年的临床案例能够提供足够的数据来观察我们中医的科学原理，获得它的真正科学规律。借助大数据，中医或将兴起。

将大数据应用于医疗领域，是我们对健康永不停息的追求。利用我们的组织优势，抓住大数据发展的机遇发展精准医疗，既满足公众对医疗、健康的需求，又顺应了时代的潮流，也是实现全民小康的题中之意，同时还为祖国传统中医学的发展带来一个新的发展机遇。

第十三章

智能出行共享经济

古人云：千里之行，始于足下。随着智能出行、共享经济的推动，今天我们可以这样说：千里之行，始于代步。我们的出行方式，供选择的有自行车、公交车、私家车、顺风车、火车、飞机等。而近几年来，最具有里程碑意义的出行方式当数智能出行。

以前	接下来	后来	现在
步行	乘坐公交	乘坐私家车	网络约车

本章就网约车、共享单车、各种出行APP及未来的无人驾驶汽车等智能出行带来的共享经济以及由此衍生的创新创造进行探索，并分享滴滴出行、百度、观数科技、摩拜单车、ofo单车等关于共享经济和智能出行的经验及对未来

的畅想和担忧。

中国首份最全智能出行大数据报告

2016年1月20日，滴滴媒体研究院、第一财经商业数据中心（CBNData）和无界智库联合发布了《中国智能出行2015大数据报告》（以下简称《报告》），对智能出行给出了新的定义："互联网+便捷交通"的具体表现，是依托互联网手段在线呼叫及预约出租车、专车、快车、顺风车、巴士、代驾等的出行方式，未来将随着出行平台产品的扩展而扩展其外延。

这份报告基于滴滴出行平台全量数据解读中国城市出行，并通过智能出行情况反映城市民生现状，具有较高的参考借鉴及深度分析价值。

报告显示，截至2015年底，包括滴滴出行在内的智能出行平台上活跃着3亿乘客和1000万司机（车主），注册用户数以月均13%的速度增长。智能出行已覆盖全国所有省市区，一线城市、东南沿海等发达地区智能出行总量较高。报告中列举了当年度最拥堵路段排名TOP10，重庆：红黄路；青岛：太平路；深圳：红岭中路；北京：西二环；西安：太白北路；广州：工业大道南；大连：西部大通道；杭州：湖墅南路；深圳：皇岗路；上海：延安东路到延安东路隧道。拥堵导致生活、生产成本上涨，以北京为例：北京每年因交通拥堵产生的人均生活生产成本超过7972元。

由此可见，时代孕育出这么多的新型智能出行产品，颠覆了人类的出行思维，提供更多出行便利的共享资源是一种必然趋势。滴滴网约车的工作是把用户的需求和所有交通工具联结在一起，力求在未来实现每个人的出行和交通资源像今天的飞机航班一样统一接受调度，从而使整个城市效率最大化，也提升每个人出行的体验，降低出行成本。

智能出行带来出行革命

以前我们出门是步行，再到出门乘坐公交，后来乘坐私家车，现在我们使用网络约车，这是我们在道路交通工具上的进步和发展。网约车带给我们的便利是享受定制交通服务，由此我们不需要在路边抢出租车、不需要排长队挤公交车，只要手机预约，在指定地点上车，支付合理费用就可以享受消费者的便利。

滴滴出行创始人、董事长兼首席执行官程维表示，北京有3000万人口，500万辆机动车。买一辆车只有4%的时间在开，却要付出100%的成本。未来社会并不需要每个人都买一辆汽车，而是大家共同分享一辆汽车。大家按照使用情况付费，在汽车总量不变的情况下满足更多人的出行需要。同时在已有的1000万滴滴注册司机中，80%的专车、快车司机是兼职，闲置资源不仅给大家解决了出行问题，也带来了共享经济。

谈到兼职司机这个话题，就不得不提自动驾驶，人们总是希望能更加便利和解放自我。就拿驾车来说，自动驾驶、无人驾驶，是人们努力研究的方向。美国高速公路安全管理局把自动驾驶分成4个级别：L1是特定的功能辅助驾驶，L2是组合功能辅助驾驶，L3是在有限条件下的自动驾驶，L4是完全的无人驾驶。"智能+"发展速度很快，麦肯锡预计，到2030年，智能驾驶和完全无人驾驶级别的自动驾驶汽车将占全部汽车销量的50%，这里面大部分还是L3，但L4的份额也会不断地增加。或许以后人们出门乘坐网约车辆就是L3或L4。

如果无人驾驶智能出行尚属未来，那么共享单车智能出行则已经实现。共享单车指企业与政府合作，在校园、地铁站点、公交站点、居民区、商业区、公共服务区等地提供自行车共享服务是共享经济的一种新形态。摩拜单车、ofo单车都是共享单车中代表。

ofo起源于大学社团的"以1换N"计划。学生把自己的自行车提供给ofo，就能享受其他车辆的免费骑行权。"大家的东西大家用"，这是ofo创始人的初衷。摩拜单车创始人胡玮炜曾经在演讲中说过一段话，大概的意思是：我希望我能像机器猫一样，在上下班的路上想要一辆自行车的时候，就能从口袋里掏出一辆自行车骑走。不担心我的车会被偷，不担心我还要在马路边和别人抢出租车，不用担心我坐的车是黑车。

同时，和滴滴一样，共享单车将城市投放的车辆数量在平台上数据化显示，需要单车的人在平台上预定或者直接扫码租赁，租金以里程计算。在付费模式和智能追踪方面，共享单车也颇有手段。ofo由APP下发密码给用户开锁；摩拜单车用智能锁，用户扫码即开锁，关锁即支付。关于"我不用担心我的车被偷"，摩拜单车智能锁嵌入GPS和独立SIM卡片，方便追踪、管理和收集数据，而这么做最重要的收获是积累了短途大数据。这些数据未来能用于市区周边短途旅游、酒店住宿、城市道路规划、健身馆选址、交通道路设施修改等。

说到下载APP，本章前面提到的《中国智能出行2015大数据报告》中就表示："互闻网+便捷交通"未来将随着出行平台的扩展而扩展其外延。以一个航空领域的APP"航旅纵横"为例：在手机上下载该软件并注册登录后，APP会根据身份证信息自动联网获取未进行的行程；在可以值机后，会发消息或短信提醒乘客进行值机。当然这款APP最便利的功能是：可以实时查询飞机准点率。中航信移动科技技术总监唐红武在"数据观思享会"沙龙给出过一个航空数据量，很明显，中国民航航班准点率数据看起来不是很乐观：2012年大概是67%，2013年是65%，2015年到了78%。这样的准点率正是"航旅纵横"APP的服务切入点，对于旅客而言，其便利在于不会因为不知道航班延误的信息而准时到机场却在候机厅等几个小时。美食也在航空智能出行中占了一席之地，在过去，乘客的航班餐食只能"被动选择"，现在机上美食可以用手机预订，进入选餐页面，选定自己感兴趣的美食，完成信息填写，美食即预订成功。

货车司机也能享受到智能出行带来的巨大福利。在我国，公路物流领域普遍存在着由于信息不对称而导致的车主找货难、货主找车难的问题，社会物流总费用占GDP比重约为美国的两倍。除了产业结构偏重、流通效率偏低以外，另一个重要原因是我国85%以上的大型货车都是个体户经营，近700万辆大、中型货车空载率高达40%，大量时间浪费在等货、配货上。

为了解决物流信息不对称这一痛点，"货车帮"搭建开放、透明、诚信的货运信息平台和社会"公共运力池"，有效降低公路物流运输成本。"货车帮"通过手机APP完成数以百万计的数据汇集，搭建起一张覆盖全国的货源信息网，将传统的车找货、货找车进行互联网化。在手机上下载"货车帮"APP后，作为发货方即可以注册成为货主会员，而作为运输方则可以注册成为会员车辆。"货车帮"平台上每天发布超过500万条货源信息，全国各地的货车司机和货主通过手机在"货车帮"平台上实现高效匹配。

此外，"货车帮"与贵州高速、陕西高速、内蒙古高速、江苏高速、广西高速等全国众多合作方联合发行ETC（电子不停车收费系统）卡，进行高速通行交费。ETC记录了司机真实的通行路段、载重、路费等信息。基于ETC真实的通行信息，再结合"货车帮"平台的车货匹配交易信息（货物类型、重量、运价等）、司机定位信息、司机平台的其他交易信息，可以全方位、多维度进行大数据分析，降低司机运输成本、反映地方经济构成。

同时，"货车帮"的油品服务也实现了基于大数据的油品运营，支持加油站选址智能推荐、加油站智能推荐、成本最优加油路线规划、热点加油站错峰加油机制设定等创新服务，累计为120万司机提供覆盖全国26个省的近千个加油服务点。

"货车帮"利用大数据技术，结合对车龄、路线、ETC消费、新车及二手车浏览深度等数据，描绘出用户"画像"，提炼出新车意向度、贷款需求度、品牌偏好、地域、用户年龄收入等重要的购车线索，精准发掘购车用户。

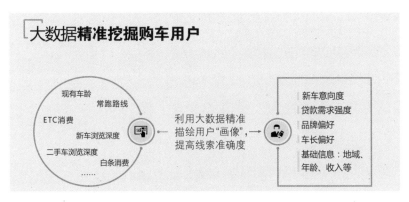

大数据精准挖掘购车用户

除此以外，"货车帮"利用交警道路交通安全数据、驾驶人征信数据、结合货运驾驶人征信评分管理和重点违法精确预警等，提升了道路运输交通安全精细化管理水平和货运安全风险防控能力。

分享经济是智能出行的重要方式

已公布的《网络预约出租汽车经营管理服务暂行办法》，从国家的层面首次明确了网约车的政策和法规，对共享经济做出了肯定和鼓励。《中国智能出行2015大数据报告》也对分享经济给予高度评价，认为其是智能出行的重要方式，能有效解决高峰期的出行难题。

李克强总理在2016中国大数据产业峰会暨中国电子商务创新发展峰会上表示："共享经济不仅是在做加法，更是在做乘法，以此有效降低创业创新门槛，实现闲置资源充分利用，形成新的增长点，为经济注入强劲动力。"此外，共享经济的另一大特点是人人皆可参与、人人皆可受益，有利于促进社会公平正义。

据《中国智能出行2015大数据报告》中滴滴平台数据显示，仅快车拼车和顺风车两个产品，每日就能为城市增加114万辆次的运输能力，换而言之就是每日能为城市减少114万辆次车出行，这相当于北京每天出行车两次的2.1%。1年下来，能节省5.1亿升汽油，减少1355万吨碳排放，相当于多种11.3亿棵树的生态补偿量。因此智能出行在智能分配有限资源的同时还对全球环保做出了巨大贡献。

利用闲置资源实现人人受益共享经济

共享经济是民众公平、有偿地共享一切社会资源，彼此以不同的方式付出和受益，共同享受经济红利。此种共享在发展中会更多使用到移动互联网作为媒介。克莱·舍基的《认知盈余》里提到，以群体的形式尝试新事物，是迄今为止也是将来社会化媒体最为意义深远的利用。

如今我们在一个信息对称的领域下，以前靠掌握有限资源盈利的传统卖方（例如酒店提供住宿、出租车公司提供服务），如今已经被有超过数万的各类共享经济公司冲击。例如共享出行的滴滴打车、共享住宿的爱彼迎（Airbnb）、共享资金价值的Prosper、共享饮食的Eatwith等。

正如观数科技联合创始人涂子沛说的：今天谈的共享经济是多指服务业，未来将走向何方？进入什么领域？

之前提到的空间共享、住宿共享的软件Airbnb，容易让人联想到阿里巴巴的淘工厂。如果工厂的空间、闲置生产线这些种种能创收的资源数据化放在某个平台上，需要这个资源和生产能力的一方就可直接在平台上寻找，下单、签约、收货——需求这种资源的一方只需要提供原始数据包或者生产资料，其他的由工厂提供。例如现在的3D打印技术，只要有一台闲置机器，将其信息放在平台上，需求方提供需要打印的设计图，产品就可以直接打印出来，而且可以预见个性化的需求越来越多，无论是什么产品。

共享经济如何分享

共享经济各个阶段分享包括：第一，信息共享；第二，产品和服务共享；第三，生产过程共享。所以生产的共享将会是共享经济发展趋势。

物流业是人员流动大、集中度较低的行业。公路物流行业"低、小、散、乱、差"现象明显，货车空载率高，严重制约了整体效率提升。为解决此问题，传化智联在公路港城市物流中心的基础上，全面向"传化网"智能物流平台升级。"传化网"是以提高供应链协同效率为目标，以智能信息系统与支付系统为核心，依托城市物流中心，融合互联网物流、供应链金融的一张"货运网"是服务城市运营和生产制造的智能物流平台。截至2017年上半年，传化智联业务覆盖超过30个省、自治区、直辖市的二百多个城市，累计为399万司机及车辆、16.2万物流商提供服务。

聚焦"干线+城配"端到端智能调度服务，传化智联开发了两款产品，分别定位于城际干线运力线上调度指挥平台和同城货运线上调度智慧平台，最终形成互联网物流平台。通过该互联网物流平台，车辆配货时间从平均72小时缩减到6—9小时，运行效率提升了48%。

现在全国传统仓库数量虽然很多，但利用效率不高，资源浪费严重。为解决此类难题，传化智能云仓利用信息化的手段，通过自有仓库、租赁仓库及与其他第三方仓储企业的合作，让所有的仓库连接成为一个"巨型"仓库。这种分布式仓储网络，能够把各个城市闲置的仓库利用起来，为客户提供共享的全国仓配网络，实现货物的就近入库与就近配送，从而降低运输及仓储成本，提高运输效率。

需要强调，共享经济的技术基础是"互联网+大数据"，共享经济模式一定要赚钱，规模不到是不能赚钱的，所以共享经济有盈亏平衡。这个盈亏平衡是要达到一定的数据量，最后才能形成。还有就是互联网每个物体都有芯片，每个物体都智能，最后万物互联，这样共享起来就更加方便了。这样的话共享经济的基础就更坚实了。

第十四章

农业大数据

农业大数据是大数据理念、技术和方法在农业领域的实践。随着农业的发展建设和物联网的应用，非结构化数据呈现出快速增长的势头，其数量将大大超过结构化数据。农业大数据大而复杂，涵盖了从种植过程数据到农产品加工、市场经营、物流、农业金融等的数据，并贯穿了整个产业链。

本章尝试通过对农业大数据概念、应用的分析，讨论利用大数据助力农业发展转型的可能。

认识农业大数据

什么是农业大数据？赵璞的《浅谈农业大数据》一文中是这样解释的："融合了农业地域性、季节性、多样性、周期性等自身特征后产生的来源广泛、类型多样、结构复杂、具有潜在价值，并难以应用通常方法处理和分析的数据集合。它保留了大数据自身具有的规模巨大、类型多样、价值密度低、处理速度快、精确度和复杂度高等基本特征，并使农业内部的信息流得到了延展和深化。"简而言之，一切和农业相关的数据都是农业大数据。

农业、农村是大数据产生和应用的重要领域，过去传统农业作业主要依靠经验，现在逐步转向凭借信息；从强调增产到强调效益，农业发展从依赖人力、机械转向大数据、信息技术、物联网技术。

中国农业大学教授李道亮认为，农业大数据包括了人、水、空气等与农业相关的因素，涵盖种子、化肥、农药、土地、土壤、作物等种植过程，还有市场经营、物流、农业金融等的数据。农业大数据贯穿农业的全产业链，从这个方面来讲，农业大数据可以说是数量最大的数据。利用大数据分析技术可以管理土地地块，规划农作物的种植，预测气候、自然灾害、病虫害、土壤墒情等环境因素，选取农作物种植适宜区，监测作物预估产量，精细化管理整块土地的投入情况，大大提高生产力和盈利的可能性。

目前除了传统的统计数据以外，物联网、生物信息、资源环境是农业大数据的主要来源。其中物联网是农业大数据的最主要数据来源，通过探头、感应器等设备可以采集到土壤、空气、作物等大多数与农业生产相关的数据。

随着农业数据的快速积累，数据将会变得十分庞大和复杂。数据本身并不能做任何事情，只有通过有效分析，不断从海量数据中进行分析洞察，将数据转化为信息和知识，才能用来解决实际问题，帮助种植者做出有效决策。在经济发展进入新常态之时，如何加快传统产业改造，促进农民收入增加，缩小城乡之间的发展差距，大力推进农业现代化，实现全面小康的目标？在资源环境约束的情况下，如何保证土地粮食的安全，转变发展方式，实现绿色发展和有序运用？在国际市场影响加深的背景下，怎样统筹利用资源，利用大数据技术不断提高我国的农业竞争能力以参与竞争？无论是"互联网+"、大数据运用还是电子商务，都要适应农业的发展特点以及农村电子商务和商业品的不同特点，要围绕当地资源、文化特色、产业发展现状和农业发展现状来开发产品，满足农民的需求。我国人口持续增长，而农村劳动力老龄化情况又非常严重，依靠大数据核心技术，是农业未来的发展方向。

大数据在农业中的应用

农业大数据是农业信息化过程中的必然产物。和其他领域的大数据一样，农业大数据是重要的资源。中国是农业大国，农业的生产结构包括种植业、林业、畜牧业、渔业和副业，但数千年来一直以种植业为主，由于人口多、耕地面积相对较少，粮食生产占主要地位。我国农业发展的基本特点是农业商品化，商品农业的发展表现为农业机械和农业科技的推广普及。

农村是大数据生产和应用的重要领域，在数据积累的同时，利用大数据分析技术做出有效分析，可以帮助种植者做出相应的有效决策——无论这个决策是面向整个产业，还是具体到产业链某一个环节。

中国工程院院士孙九林在题为《农业大数据在解决三农问题中的实际应用》的演讲中说道："数据资源是信息社会的重要生产要素，应以大数据处理为核心构建大数据的生产体系。所谓的生态体系指的是在农业大数据环境里，可以产生经济效益：包括农业投入品、土地流转、农产品流通、农业金融、农机服务、农事服务、农业物联网等。通过大数据与云计算，抓住农业市场，提高农业经营管理的效益。"

根据孙九林院士的分析，农业数据采集的第一类是涉农在线的数据，这是在互联网上找得到的跟农业有关的数据；第二类是涉农的离线数据，即存在于各个单位、各个农户，甚至在一些科学家手中的数据；第三是涉农无网数据，比如土地转让、确权等数据。数据要由数据中心清洗、挖掘、分析，最后产生数据管理、数据服务、运用系统3个方面的应用。

农业的复杂程度或许超出所有人（包括农科人员和每日劳作在田间的农民）的认识，农作物、土壤、气候以及人类活动等各种要素相互影响，而由此产生的多维度的数据也相互影响和作用。中国农业大学教授李道亮指出，大数据在农业方面主要有基础研究、农业模型、市场行情预测、农产品质量安全、关联共享五大重点应用。

互联网时代，农业市场的空间非常庞大。而大数据在市场行情预测方面的运用意义重大：对于农业企业来说，生态资源存量非减性和稳定性，是可持续发展的，要坚持用互联网改变农业现状，转变原来传统的生产管理和商业模式。

赶街网创始人潘东明曾说，移动互联网化、社交化、本地化，"三化"结合将是农村电商扶贫最重要的基础。

大北农集团农信互联研究院正通过互联网对农业生物服务实现颠覆性的转变。"农业大数据"是农业云的基础平台，通过软件与产品服务，可以获取数据并通过大数据用户画像精准地找到用户。与电商相比，除了提供免费的管理服务和技术服务，企业还能获得数据。通过数据导入电商和金融，企业获得盈利模式。

早在2013年，大北农集团即针对养殖户和经销商重点推出了猪管网、智农网、农信网及智农通的"三网一通"体系。大北农农信集团农信研究院院长于莹说，大北农集团农信互联研究院打造了一个生态圈，把全国的猪场通过信息化的网络连接起来，形成一个全国的网络，提供生产管理以及技术的推送服务。

在种植领域，已经有了一批关于农资和农产品的在线商城，B2B（企业对企业）模式的农业电商是巨大的，也有更多的可以探索的空间。金融领域通过类似大北农的农信度、农信贷、互联网小贷款、农妇通的系统，应用大数据提高在经营农业、管理农业等各个环节的效益。

在网上交易方面，大北农可能是在互联网平台上最大的养猪企业，通过打造产业互联网的模式，创造了以猪为核心的生产圈；通过前期的数据积累形成了大数据的展示；通过地图的方式，知道全国的哪些地区在销售生猪，并了解到猪的品种、价格、头数——这促成了网上生猪的售卖链。除此以外，在不同区域的价格也有差异，通过大数据来实时检测价格走向、发布行情、指导市场，让农户、销售农产品和生猪的市场可以预测市场的价格趋向。另外，通过对生猪饲养各项数据的掌握和分析，可以指导其他行业，诸如饲料动保、肉食品等的经营。于莹解释说，数字化方案的设计和开发为全产业链提供了综合性的服务，甚至可以为猪场及相关的贸易商提供规模化、定制化的生产。中间的贸易商从原来靠信息不对称来获得利润，变为提供更多的养猪服务，比如生猪物流的服务及养猪的一些金融和养猪信息对称的服务。猪场可以通过信息化和数字化的管理更加专业化、透明化地养猪，实现智能化的生产和管理；食品加工企业可以实现批量化数据的获取并进行订单化的生产，形成品牌化的经营，最终能够形成一个覆盖全产业链且质量可追溯的系统。

而更加令人兴奋的事情是利用大数据真正使养猪实现金融化。养猪是一个资金密集型的产业，整个养猪产业背后的推手实际上就是金融。在大数据技术发展之前，养猪户因整体信用体系的缺失而不能做到社会化的融资或透明化的借贷，现在这一切都成为可能。通过大数据可以了解猪场和养猪户的信息和信用，进而分析出经营效率和经营绩效，比如说猪场的规模、屠宰企业的规模，这是资金实力和经济实力、经营能力的一个体现。通过社会化评价以及养殖过程的真实记录，可以实现个人或者企业的信誉体现，还可以实现经营资产负债情况的透明化等。金融企业通过这些数据，可以量身定制与之相适应的金融产品。

潘东明一直在探索农产品电商扶贫。他认为，越是农业，越是传统，经济就应该越时尚、越现代。他在贵州看到最多的几个字就是大数据、大扶贫。如何通过电商来做扶贫，这是需要思考的。农产品是农村电商的核心，大部分农民手上没有生产资料，要让农民致富，必须要在农产品上做文章。潘东明认为农村是很碎片化的，因而要以县为服务中心，通过服务中心整合市场。在他的设想中，应该在每个县里建立一个中心，打造公共服务体系、农产品上行体系、消费品下行体系3套体系。农产品上行体系，核心分为供应链管理体系、营销体系。在他看来，很多地方农产品卖不出去，很多时候真的不是产品不好，而是最基础的供应链管理没有做好，要不断完善标准化溯源体系、检测体系、保鲜体系、冷链、评估、售后服务。潘东明的赶街网在浙江的县域中正进行着这样的尝试，并开始推广到其他主要农业生产区。

潘东明说，电子商务在中国并不陌生，但这一块实际上只和一部分人有关。在农村，真正的互联网应用与他们非常遥远，赶街网希望能够建立起一个城乡一体化的综合电商平台，实现工业品和农产品的双向流通。过去所有大的电商平台并不是为做农产品这种非标准性体系建立的，而都是为标准性工业产品成立的。农产品跟标准性产品相差非常大，以前很多评价体系都是按照同等质量最低价格进行评价，比如说聚划算就是按照这个逻辑；农产品是没有同等质量最低价格的，比如说桃子，每一个桃子的质量都是不相同的。现代农业尝试利用微信实现社交化，很多人认为微商不成熟，但是任何东西都有不成熟的阶段，而我们可以看到，微商崛起的速度非常快。一个营销方式从工业化的思维走向人性化思维，这个思路肯定是正确的。过去平台的交易逻辑是先有产品、后有人，但是微信，或者说未来的社交平台已经提供了很多新的思考。

在农业种植方面，大数据同样可以发挥积极作用。科百宏业科技董事长刘宗波在2016贵阳数博会上就以"让智慧农业服务于每一块田地"为题，探讨了"大数据+农业"的发展思路、新技术开发与应用。

智慧农业是什么？从某种角度来说，是运用大数据的思维方式去读懂农业、理解农业，运用大数据分析技术去指导农业规划、农业生产。智慧农业在一定程度上是农业精准化的结果。

每一种农业都有一个最佳范围，每一种农业的环境因素都非常重要。比如土壤的水分在根系分布的范围才会有用，如果水没有灌溉到适合的地方是没有任何作用的。农业精准化就是明确什么地方什么时候用什么方式。在什么地方进行灌溉，这个是灌溉的精准化；检测到病虫害的环境要素，运用模型判断或者阻断病虫害发生的时间规模和范围，这是病虫害的精准化。

如何实现精准化？首要就是采集数据。农业大数据里面有很多数据，比如来自土地的实时传感数据，主要是利用传感器从现场采集各种数据。有了传感数据，才能精准地灌溉施肥，了解环境要素、动植物产量和效益关系，精准化的措施可以明显增加经济效益。而现有的采集手段——为每一种环境因素布置传感器——要实现这一点，数据获取的成本过高，而且这个数据很可能还不属于大数据的范畴。刘宗波认为，大数据不但要拥有，而且还必须是低成本的。采集农业大数据还必须使用物联网，物联网连接部分传感器，包括土壤、气象、植物生理，这只是部分可以接入物联网系统的传感器，还有包括水质、大气等一些要素，都是可以接入物联网无限节点的。这些传感器接入无限节点以后可以安放到大棚和田地里面，方便采集。

除了直接辅助农业种植、养殖，大数据还可以广泛地应用于支农惠农领域。以农业保险为例，气象灾害频发，对农业生产影响巨大，对农业生产造成了重大损失。自2009年起，福建、安徽、浙江等地就已经陆续开始试点农业气象指数保险，对稳定农民收入、迅速恢复生产、保障农产品供给起到了重要作用。

在"农险"应用中，天气科技（北京）有限公司运用气象大数据技术，针对大棚内温度失调、生产成本增加、开发周期过长、成本过高等痛点，开发了"大棚农险"产品与定价平台。专门针对温室大棚农作物，搭建物候系列指标库；通过分析大棚内外部的长时间序列气候数据，建立专用的天气损失模型；利用移动互联网技术实现移动定制、一键投保，大棚农户在家就能通过手机选定地区、作物、物候期、天气指标等条件，获取符合自家大棚情况的农险保障。该平台实现了气象指数保险的快速定制与定价，大大缩短了产品的开发周期，降低了产品的设计成本。通过定制化手段，最大限度扩展了对大棚作物的保险覆盖面，增强了保障力度，这是大数据支农、惠农的具体应用。

通过物联网技术收集数据，之后对数据进行分析加工，并用于指导农业的精细化生产提高农业生产效益，这就是农业大数据所赋予的智慧农业的概念，而大数据将会成为新的农业生产的要素。

第十五章
大数据与智慧旅游发展

旅游与大数据

新一代信息技术正在深刻改变着人们生活和工作的方式，随着与"互联网+"、大数据等相关的一系列政策出台，使旅游业和其他产业一样也迎来了新的发展机遇。而旅游是与人们生活质量密切相关的行业之一，是现代科技手段应用最广泛、密集、活跃的领域之一，同时也是创意性很强的产业之一，旅游业的产品业态创新、发展模式变革等绝对不能错过了大数据这波浪潮。

旅游是一系列持续变动的用户行为过程。在大数据时代，旅游受众的时空信息被采集，并通过技术手段挖掘其中的价值。这些数据有助于旅游业进行精准营销、业态创新、战略定位等。海量数据的运用能推动旅游业从感性经验产业向理性科学产业转型，大数据可以对旅游服务、旅游营销、旅游产品等进行提升，政府、景区、企业都需要重视并有效地利用好大数据，重塑旅游产业认知与实践模式。

当然，旅游业所需要的伙伴也不仅仅是大数据，还需要其他新理念、新技术和新手段的结合，包括"互联网+"、云计算、移动互联网、物联网、AR/VR/MR、人工智能等等，使得自身具备迎接新时代和新挑战的能力，诸如虚拟旅游、定制旅游O2O等新领域、新业态的旅游形式正不断创新，智慧旅游的建设已迫在眉睫。

基于以上考量，本章内容将围绕智慧旅游主题，结合智慧旅游及其智慧特点，分享一下在大数据背景下真正实现智慧旅游的核心问题在哪里，又如何与其他新技术擦出火花的经验和建议等。

智慧旅游的内涵和发展现状

要发展好旅游，一定绕不开智慧旅游，那么究竟什么是智慧旅游？从数字旅游、旅游信息化、智慧旅游、"互联网+旅游"等的发展历程来看，智慧旅游是整个信息化过程中的一个阶段。

根据北京联合大学旅游学院副院长张凌云的查证分析

来看，"智慧旅游"一词早期可以追溯到2000年，但早期这个概念与现在所理解的基于信息基础、信息化智慧旅游内涵不同，当时的智慧旅游更多是指可持续旅游。

2010年，江苏省镇江市就率先创造性地提出基于信息技术的"智慧旅游"概念，开展"智慧旅游"项目建设，开辟"感知镇江、智慧旅游"新时空。2009年12月1日，国务院印发《国务院关于加快旅游业发展的若干意见》，其中提出：以信息化为主要途径，提高旅游服务效率以信息化为主要途径，提高旅游服务效率。积极开展旅游在线服务、网络营销、网络预订和网上支付，充分利用社会资源构建旅游数据中心、呼叫中心，全面提升旅游企业、景区和重点旅游城市的旅游信息化服务水平。2010年，江苏省镇江市在全国率先创造性提出"智慧旅游"概念，开展"智慧旅游"项目建设，开辟"感知镇江、智慧旅游"新时空。通过创新探索，我国各地也开启了智慧旅游的建设热潮。

智慧旅游，是利用包括"云—大—物—移—智"（在这里是指云计算、大数据、物联网、移动智能终端、人工智能）等新技术，对旅游业进行改造应用、技术变革及融合发展，智慧地解决多视角多维度的痛点、难点、重点、焦点和突破点问题，包括旅游资源、旅游景点、旅游企业、旅游信息、旅游活动、旅游受众、旅游服务、旅游体验、旅游管理、旅游经济、旅游产品、旅游营销等，优化提升智慧化程度及智能化水平，深刻地改变和智慧地发展旅游业。

较早的智慧旅游是政府主导的产物，基于景区基础信息化和供应端等的建设，较少关注旅游受众的价值体验。智慧旅游应该注重以客户端或需求端为重点，以市场为导向，实现旅游价值最大化。就目前阶段的智慧旅游发展来说，不同景区面临的问题不一样，首先需要梳理本身面临的问题，然后有针对性地嵌入大数据等信息技术发力，而不能再简单地套用模式。

当前，在大数据热的背景下，很多省市都在积极推动大数据和旅游的融合，大力地发展智慧旅游。正是因为旅游业与人们的生活最"相熟"，所以，旅游产业有没有一个好的发展前景，还在于理念和技术是否能不断更新以及是否抓住人和技术。一个行业或产业的发展，不可能"只见树木，不见森林"，更不能"只见远方，不见脚下"。当下，旅游业以及智慧旅游的发展，有非常多值得点赞的成果在不断涌现，自然也存在一些不足之处需要改进。

国家旅游局信息中心副主任信宏业指出，2015年中国国内旅游人数是41亿人次，入境游是1.3亿人次，出境游是1.2亿人次，旅游产业在全球排名第二，规模非常庞大，已发展成为国民经济不可替代中坚力量之一。与此相应也承受了很大的压力，在传统思维、传统经验、传统模式指导下的产业服务和发展，与大规模、大市场、大影响的快速发展越来越不相匹配，行业诟病等诸多问题也不断凸显。

旅游业过去其实一直是在靠经验支撑，但是不能一直被经验桎梏，要想有大的发展，需要打开更宽广的眼界。旅游需要大市场与好服务，单靠旅游受众的牵引似乎缺乏确切且有底气的实力。在竞争日益激烈的发展过程中，保证不了基本利润、解决不了生存问题，服务质量和社会责任都只能是后话。那么如何免于停留在低层次的队列呢？这就迫切需要脱胎换骨式的思维革命来助推提质增效。所以，旅游与大数据的融合既是形势所迫，更是大势所趋，相荣相盛，应通过创新的理念、数据的共享、数据的融合、数据的挖掘、数据的分析、科学的运营、全面的布局等，去优化认知模式，智慧运营，改变传统旅游的"DNA"。

贵州发展智慧旅游的实践探索与启示

贵州一直以牢牢守住发展和生态两条底线为发展基础，同时也一如既往地深耕大数据发展，大力实施大数据战略行动。贵州的生态文明、生态环境和大数据资源，为建设智慧城市提供了极大的便利，可以说贵州具备了全方位、全业态发展智慧化旅游产业的潜力。同时，贵州也充分发挥自身的优势努力推进智慧旅游建设，如：贵阳市、铜仁市被确定为国家智慧旅游试点城市，建设并开放旅游大数据平台，搭建智慧旅游运行监管及应急指挥平台，国家旅游数据（灾备）中心落户贵州……此外，各地景区建设也不断完善，信息化、智能化水平不断提高。可以预测，立足于自身优势，打造好完整的旅游大数据生态链——大数据与旅游业的深度融合必将成为贵州旅游新的驱动力。

贵州省旅游发展委员会信息中心原主任李芳直言，贵州智慧旅游云的建设背景正是基于贵州省推动大数据产业发展应用的战略部署，贵州积极探索、深入挖掘大数据，在智慧旅游方面的应用方面取得了一些成效。李芳介绍，基于"云上贵州"平台支撑的智慧旅游云，顶层设计以服务游客、服务管理、服务营销为主，通过智慧旅游三环模型连接公共信息服务、电子商务平台以及行业监管平台，为管理部门及旅游受众提供更好的交流沟通平台和全面而高效的旅游信息服务；通过"云上贵州"系统平台的数据交换交易系统可以逐步实现旅游数据资源的标准化、规范化和可交换性，与各部门共同形成全省统一的大数据交换机制和体系，逐步实现各部门数据的"聚、通、用"。

李芳还指出，未来，通过聚拢交通、气象、环保、文化、运营商等多方公共数据，合理适度开放，实现数据共享，打造一站式旅游服务平台，打通最后一公里服务，充分运用大数据推动旅游产业转型升级以及构建智慧旅游公共服务体系等项目大有可期。

表5　贵州打造智慧旅游的一些规划参考

成立旅游云数据中心，解决旅游数据采集问题					
基础数据	政府涉旅部门数据	纵向管理部门数据	运营商数据	互联网数据	其他数据
制定统一的数据标准		数据采集、编目、分级		旅游数据分类归档、授权应用	
建立数据共享机制，解决信息数据交换和共享问题			打破信息孤岛，掌握并提供实时数据		
落地应用，对接智慧旅游云平台，打造全域旅游大数据服务平台					
建设旅游运行监管及应急指挥平台、智慧旅游示范园、旅游数据中心、产业联盟等					

注：本表格系根据贵州省旅游发展委员会信息中心原主任李芳在2016贵阳数博会大数据时代智慧旅游发展论坛的主题演讲《浅谈智慧旅游的贵州模式》整理。

在一些更深入、更广泛的技术应用方面，中国科学院院士童庆禧就此也提出了一些有效建议：应用遥感技术监测和评估贵州的生态环境状况，防止生态破坏和恶化，保障生态安全；建立基于大数据的旅游态势信息的智能挖掘和旅游安全预测预警分析体系；建设基于实体和虚拟现实的旅游博物馆和基于大数据分析的旅游指挥调度系统及旅游信息中心；加强旅游景区的基础设施和信息基础设施的建设；建设基于旅游景区内重要景物信息的物联网等。

微软加速器·北京CEO、原国家智慧旅游公共服务平台（12301平台）首席技术官檀林在说到关于分享经济时代的创意旅游时提到一个实例——旅游业都熟知的Airbnb运营短短几年就已取得如此成功，就是基于云计算、大数据、移动互联网和物联网等新技术和新理念，结合社交网络让旅游服务与未来客户建立一种在平台上交互的功能和信任关系，形成新的P2P（对等网络）服务市场。这种分享经济平台的互动关系及定制的个性化服务，实现了旅游受众的认知、认可、认同、认购，从而形成完整的商业闭环，基于高质量服务及信任，旅游文化、营销产品、吃住行游购娱等多种元素的融入就不会显得那么生硬。由此，创意理念及新技术的结合是很值得参考的一个路径。旅游就是享受生活，而不是花钱受罪，至少，这种新型的商业模式所带来的市场成效就是一种证明。

这里说到的Airbnb只是创意旅游中的一个例子，消费行为改变了，旅游服务也需跟上步伐，对大数据的要求只会更严苛。还有诸如基于大数据和行业云开发工具等服务的创新框架，嵌入可穿戴、VR等设备的新奇旅游和智慧旅游等，都有待进一步深耕。

智慧旅游与旅游大数据产品

　　"不认识自己是谁，不知道对手是谁，不知道需求是什么，不知道市场在哪里，不知道营销怎么做——实际上大数据可以把这'五个不'变成yes。"在北京大学城市与环境学院教授吴必虎看来，做旅游大数据产品的两个关键点在于多数据源整合和旅游专业性分析。从大数据角度来看，智慧旅游需要多规合一、多元整合，智慧化管理需要完整的数据源来形成完整的闭合。每个景区掌握的仅仅是自己的一小部分单数据源，只能反映局部情况，不能满足旅游受众的多元需求，更解决不了深层次问题和实用性问题。如果不愿意将数据公开，又想整合数据，可以通过第三方整合平台，从保密协议到清洗脱敏再到综合数据输出，然后实现旅游大数据管理和应用。总之只要想渗透合作，办法总还是有的。

　　推动旅游产品业态创新、发展模式变革、服务效能提高，促进旅游业转型升级、提质增效，更好地满足人们日益丰富的旅游价值体验需求，仅靠传统经验摸不透、玩不转，"科技兴旅"值得重视。所以，加强旅游模式的创新和改造，创新旅游产品、旅游业产业链、旅游业态，特别需要加强大数据等技术的应用，通过创意理念、研究开发、科学管理、创新驱动，才能从本质上提升旅游产业的质量，实现智慧旅游的美好图景。

国家旅游局信息中心副主任信宏业认为旅游市场需求大致可以分为3类。

一是显性需求。这种显性需求用信宏业的话来说就是："没有门槛，人人都看得见，人人都能去做，但竞争一定是血淋淋的、你死我活的、低利润的。"反观旅游市场，产品、线路实际上还是徘徊在显性圈子，没有跳出圈子寻求创新，所以利润很低，竞争很激烈，旅游受众的价值需求也得不到很好的实现。

二是隐性需求。这里存在两种情况，有需求但不知道或知道需求但不会做。新技术的出现，就是为了解决一些传统思路或传统方法解决不了的问题。大数据等新技术的应用，不仅能帮助发掘深层次的隐性需求，还能让产品走出去，帮助精准定位产品的客户。

三是培育需求。随着人们日益增长的精神文化需求，旅游从单次价值体验渐渐成为一种高质生活方式，说明了产业的需求是需要培育的。旅游业竞争不断加剧，国内外优秀的旅游企业也越来越重视市场研究。上述提到的Airbnb案例，撇开其他不说，在培育需求的思维方向上就做得不错，培育需求就像是人与人之间的关系，是从认知到了解再到彼此欣赏的过程，产品也是这样用心经营、探索、实践、研发、设计出来的。

在这种发展背景下，更要注重上述所提到的大数据、互联网等所延伸的新理念、新技术的专深运用，不能再原地踏步，这也是我们所强调的智慧旅游的智慧所在。打铁还需自身硬，别人已经在有的放矢，自己却还闭门造车；别人的投入与发展健康有序，自己的投入与发展却严重脱节；自己都一团糟，这样的智慧旅游，又怎么能够让游客发自内心忍不住"点赞认可""自愿掏钱"呢？根据自己经营的旅游业务，基于针对性的数据分析，形成游客"画像"可视化显示，了解游客数量、游客类型及游客偏好，然后进行综合决策、指导创新等，这些都是可以基于自身情况去尝试和实践的。

旅游已成为人们生活中不可或缺的组成部分，产业发展的困难的确存在，但前景依然美好。旅游业科学的发展最终还是要回归到"以人为本"的理念上，通过大数据分析挖掘需求属性、预测市场、精准营销，结合属性和新技术打造直达个人的个性化产品、创新性产品，尽可能地完善一个旅游产品的闭环，最大限度地满足消费者个性化需求，提供质的保证，如此才能打开旅游市场并走得长久。当你的旅游产品足够"智慧"，购买率和经济效益自然能得到提高。

参考文献

1.国务院.国务院关于印发促进大数据发展行动纲要的通知（国发〔2015〕50号）[EB/OL].（2015-08-31）http://www.gov.cn/zhengce/content/2015-09/05/content_10137.htm.

2.国务院.国务院关于加快发展旅游业的意见（国发〔2009〕41号）[EB/OL].（2009-12-01）http://www.gov.cn/xxgk/pub/govpublic/mrlm/200912/t20091203_56294.html.

3.2016数博会论坛精彩观点摘录：大数据助推旅游跨越式发展[EB/OL].（2016-05-28）http://www.cbdio.com/BigData/2016-05/28/content_4960836.htm.

4.大数据创新生态体系论坛简报[EB/OL].（2016-05-30）http://www.cbdio.com/BigData/2016-05/30/content_4962789.htm.

5.2016大数据时代智慧旅游发展论坛（上）简报[EB/OL].（2016-05-30）http://www.cbdio.com/BigData/2016-05/30/content_4962026.htm.

6.2016大数据时代智慧旅游发展论坛（下）简报[EB/

OL]．（2016－05－30）http://www.cbdio.com/BigData/2016-05/30/content_4962101.htm.

7.贵阳市人民政府新闻办公室．《贵阳区块链发展和应用》白皮书[EB/OL].（2017－02－17）http://www.sohu.com/a/126543390_353595.

8.贵阳大数据交易所．2016年中国大数据交易产业白皮书[EB/OL].（2016－06－02）http://www.cbdio.com/BigData/2016-06/02/content_4965656.htm.

9.中国区块链技术和产业发展论坛．中国区块链技术和应用发展白皮书（2016）[EB/OL].（2016－10－21）http://www.cbdio.com/BigData/2016-10/21/content_5351215.htm.

10.腾讯研究院．腾讯区块链方案白皮书[EB/OL].（2017－04－25）http://www.cbdio.com/BigData/2017-04/25/content_5503014.htm.

11.周涛．八个步骤让你的企业"数据化"[EB/OL].（2016－05－17）https://mp.weixin.qq.com/s/WtH_3x1Ct7uOjadJqb51hw.

12.三问区块链（经济热点）[N].人民日报,2018－02－26（17）.

鸣谢

本书内容涵盖了金融风控、出行共享、安全隐私合规、政府数据开放治理、物联网/工业4.0、人工智能、智慧城市、农业等大数据应用领域，集中展示大数据在政用、商用、民用等方面的优秀案例。通过大数据应用案例，可以更清晰、鲜明地了解大数据在生活中的实际应用情况。

在著书过程中，数据观通过领域划分，向相关企业征集案例，并选取了一批独具创新、技术领先的成功案例编纂在册。在此，特别感谢王华、黄思思、宋小茜对本书编撰给予的支持。同时，数据观向以下提供优秀案例的企业（按首字字母进行排序，下同）表示诚挚的感谢：

北京数字冰雹信息技术有限公司

北科维拓科技公司

传化集团有限公司

贵州蜂能科技发展有限公司

贵阳货车帮科技有限公司

数联铭品科技有限公司

上海智臻智能网络科技股份有限公司（小i机器人）

三一重工股份有限公司

天气科技（北京）有限公司

同时，本书在案例征集过程中，还得到了以下企业的大力支持，在此表示衷心感谢：

百融（北京）金融信息服务股份有限公司

北京金山云网络技术有限公司

长江中游城市群工商政务云平台

东湖大数据交易平台

东网科技有限公司

湖北省楚天云有限公司

上海蜜度信息技术有限公司（新浪微舆情）

中国改革信息知识库〔由中国（南海）改革发展研究院和国双联合建设〕

中科点击（北京）科技有限公司

本书成稿时间为2017年，期间，我们收集了尽量全面权威的资料，重点集纳了2016数博会分论坛上大数据行业专家、企业家的演讲内容，但由于研究领域较新，著作水平有限，本书内容难免存在疏漏之处，希望得到广大读者的批评指正。

中国大数据产业观察

2017年12月20日